U0156904

# 毕节大型真菌
# 图鉴 桂 阳／主编

中国农业出版社
北 京

# 内容提要

　　毕节市位于贵州省西北部，地处滇东高原向黔中山原丘陵过渡的倾斜地带，境内平均海拔1 600m，海拔相对高差大，垂直气候变化尤为明显，地形地貌独特，自然资源丰富。境内平均气温10 ～ 15℃，季风气候比较明显，降水量较为充沛，立体气候突出。这样的自然条件孕育了丰富的大型真菌，但一直以来关于该地区大型真菌的报道较少。

　　本书在编者对毕节市大型真菌实地考察、采集和研究的基础上，以图文并茂的形式记述毕节市境内大型真菌315种，对这些真菌进行了宏观和显微特征描述，同时提供子实体生境彩色图片，并对其生态环境、分布地点等进行描述。书末附有真菌中文名索引。

　　本书可供微生物学、食用菌、林学、农学、医药资源科研工作者，以及从事大型真菌采集、栽培、加工、销售等相关人员和广大爱好者参考。

# 编　委　会

大型真菌指真菌中形态结构比较复杂、子实体大、易被人用肉眼直接看清楚的种类。大型真菌可促进植物吸收利用养分，增强植物自身抗逆能力，有助于植物生长并改善土质，在森林植被演化、物质循环中起着重要作用，是森林生态系统可持续发展不可缺少的部分。不仅如此，大型真菌还具有重要的食用价值和药用价值，如平菇、香菇、黑木耳、竹荪、冬荪、羊肚菌等食药用菌。40余年来，中国食用菌年产量增长700倍，达4000余万吨，年产值达3000多亿元。食用菌产业已成为继粮、油、果、蔬后的中国第五大农业种植业，是"点草成金、变废为宝"的绿色产业。食用菌干品含有30%~40%的蛋白质，矿物质、膳食纤维等含量丰富，符合大食物观的要求。

　　贵州省地处云贵高原东部，境内地势西高东低，92.5%的面积为山地和丘陵，喀斯特地貌面积占全省土地总面积的61.9%。毕节市位于贵州省西北部，地处滇东高原向黔中山原丘陵过渡的倾斜地带，境内海拔相对高差大，垂直气候变化尤为明显，境内平均气温10~15℃，降水量较为充沛，地形地貌独特，自然资源丰富，区域气候宜人。境内植被整体上属亚热带常绿阔叶林，差异较为显著的地势地形、多样化的气候以及丰富多样的植被类型孕育了丰富的大型真菌。

　　已出版《贵州食用真菌和毒菌图志》一书中记载了分布在毕节市金沙县、威宁彝族回族苗族自治县、大方县、织金县和七星关区的81种食用真菌；张洁（2011）对毕节市食用菌种类进行调查，共计发现野生大型经济真菌31科52属100种（含变种、变型）；邹方伦等（2009）调查了毕节市百里杜鹃自然保护区大型真菌资源，但仅列出了真菌名录，并未做深入研究。由于毕节市的人们对大型真菌了解甚少，导致绝大部分可食用野生真菌还未得到合理利用，特色自然资源存在极大的浪费。因此，有必要对毕节市野生大型真菌资源进行调查研究，为该地区真菌资源的保育和开发利用提供依据。

本书不仅是对贵州省毕节市大型真菌种类的鉴定和记录，也为当地菌物资源的保护和开发提供了基础资料，填补了毕节市大型真菌图鉴的空白，对推动当地真菌资源的研究具有积极意义。

本研究工作得到了贵州省农业科学院作物品种资源研究所、贵州省食用菌育种重点实验室的支持。同时得到了毕节市农业农村局、林业和草原局以及采样乡镇及其村委对标本采集、鉴定等的帮助和支持。

本研究工作得到了李玉院士和杨祝良研究员的指导，得到了2019—2023年参与菌物资源普查的贵州大学、贵州中医药大学、贵阳康养职业大学、鲁东大学等的实习生的支持。

由于编者水平所限，书中疏漏与不当之处在所难免，敬请广大读者批评指正。

编　者

2022年12月

# 目　录

# 第一章  概  述

## ■ 第一节  毕节市地理气候概述

毕节市位于贵州省西北部，地形地貌独特，自然资源丰富，区域气候宜人，开发前景广阔。毕节市辖5个县、1个自治县、1个县级市、1个市辖区，共8个县级行政区。

毕节市地处北纬26°21′～27°46′，东经103°36′～106°43′。地势西高东低，似三级台阶，最高海拔2 900m，最低475m，属低纬度高海拔地区，为季风气候，夏凉冬冷，垂直气候差异大，立体气候明显，利于多种动、植物生长。全市各县区多年（1951—1998年）平均气温在10～15℃之间，气温最高的是金沙县，最低为威宁彝族回族苗族自治县；年日照时数在1 096～1 769h之间，日照最长的为威宁彝族回族苗族自治县；无霜期245～290d，金沙、织金两县无霜期最长；年均降水量在849～1 399mm之间，最多的为织金县，最少的为赫章县。

毕节市植被带属亚热带常绿阔叶林带、中亚热带常绿阔叶林亚带、贵州高原湿润性常绿阔叶林地带（黔西北高原山地常绿栎林、云南松林、漆树及核桃林地区）和云贵高原半湿润常绿阔叶林地带。毕节处于贵州高原向云南高原过渡的地带，表现明显的东西向过渡性和南北向的垂直分异，因此植被也有明显的过渡性。差异较为显著的地势地形和多样化的气候以及丰富多样的植被类型孕育着多样的大型真菌。

毕节市有菌类省级自然保护区百里杜鹃森林公园，县级保护区金沙县冷水河中亚热带常绿阔叶林自然保护区，还有独特的韭菜坪风景区。

## ■ 第二节  研究方法、编排方法

对毕节市内的阔叶林、针叶林、针阔叶混交林、灌木和草地四个植被类型的大型真菌进行调查。以样方法为主，随机路线法为辅，采集大型真菌标本，拍摄其原生生境照片，记录主要宏观形态特征（菌盖颜色、形状、大小、菌柄有无、菌环有无等）、生态习性（木生、土生、虫生、粪生等）及其他生境等信息，标本经彻底干燥后用自封袋密封保存，之后带回实验室暂存，为微观形态特征的观察和真菌DNA条形码的检测备用。结合形态和真菌DNA条形码的联合分析，鉴定标本。所有标本现保存于贵州省农业科学院菌物标本馆。

　　本书根据子实体形态和质地的不同，把大型真菌分为8类，并且按如下顺序编排：

　　1.子囊菌；

　　2.胶质菌；

　　3.珊瑚菌；

　　4.多孔菌、齿菌、革菌；

　　5.鸡油菌；

　　6.伞菌类；

　　7.牛肝菌；

　　8.腹菌。

# 第二章 子囊菌

## 1 蛹虫草

▶ 拉丁学名：*Cordyceps militaris* (L.) Fr.
　　　　　 ≡ *Clavaria militaris* L.

▶ 形态特征：子座高3～6cm，单个或多个从寄主头部长出，橘黄色，一般不分枝，有时分枝。可育头部长1～2cm，直径3～5mm，棒状，表面粗糙。不育菌柄长2.5～4.5cm，直径2～4mm，近圆柱形，实心。子囊壳外露，近圆锥形，下部埋生于子座头部外层。子囊（300～400）μm×（4～5）μm，棒状，具8个子囊孢子。子囊孢子细长，直径约1μm，线形，成熟时产生横隔，并断成节孢子，节孢子2～3μm。

▶ 生长习性：夏秋季生于半埋在林地或枯枝落叶层下的鳞翅目昆虫的蛹上。食药兼用，可人工栽培。分布于大方县、纳雍县、威宁彝族回族苗族自治县和赫章县。

## ② 启迪轮层炭壳

▶ 拉丁学名：*Daldinia childiae* J.D. Rogers & Y.M. Ju
▶ 形态特征：子座宽1～5cm，球形至近球形，无柄，外表红褐色、褐色至暗褐色，近
　　　　　　光滑至有细小疣突，子座内部纤维状，有时胶状，有灰色至黑色同心环纹。
　　　　　　子囊孢子（12.0～14.0）μm×（5.5～6.5）μm，近椭圆形，黄褐色至深
　　　　　　褐色，光滑。芽孔线形，较子囊孢子稍短或与子囊孢子等长，外壁易脱落。
▶ 生长习性：单生于针叶林中的腐木上。分布于织金县。

## ③ 橙红二头孢盘菌

▶ 拉丁学名：*Dicephalospora rufocornea* (Berk. & Broome) Spooner
　　　　　　≡ *Helotium rufocornum* Berk. & Broome
▶ 形态特征：子囊盘浅盘状，直径1.0～3.5cm，厚1.5～3.0cm。子实层表面橘黄色、
　　　　　　橘红色或者污黄色，干后深橘黄色、淡橘黄色至淡黄色，靠近菌柄部位色
　　　　　　淡。菌柄上部淡黄色，基部暗至黑色。囊盘被污黄色至近白色。子实层厚
　　　　　　190～200μm，具8个子囊孢子。子囊孢子（24～47）μm×（4～6）μm，
　　　　　　长梭形，无色，光滑，两端具透明附属物。侧丝线形，顶端宽1.5～2.5μm。
▶ 生长习性：夏秋季生于林中的腐木上。分布于大方县。

## ④ 粗柄马鞍菌

▶ 拉丁学名：*Helvella macropus* (Pers.) P. Karst.
≡ *Peziza macropus* Pers.

▶ 形态特征：子囊盘宽2.8 ~ 3.2cm，碟状。子实层表面光滑，灰色至棕灰色。囊盘被与边缘具明显绒毛，与子实层表面同色或颜色略浅。菌柄长4.9 ~ 5.3cm，直径3 ~ 4mm，圆柱形或稍扁，向下渐粗，被绒毛，与囊盘被同色。子囊（220 ~ 350）μm×（15 ~ 20）μm，具8个子囊孢子。子囊孢子（20 ~ 26）μm×（10 ~ 12）μm，椭圆形或梭形，表面较粗糙，通常具油滴。

▶ 生长习性：夏秋季单生或散生于阔叶林地面，特别是长有苔藓的地面。分布于大方县。

## 5 硬皮软盘菌（近似种）

▶ 拉丁学名：*Hyphodiscus* cf. *incrustatus* (Ellis) Raitv.
▶ 形态特征：子囊盘直径1cm，幼时碟状，后期平展。子实层表面白色至乳白色，较光滑，表面有细小颗粒状疣突，边缘棕褐色；下表面淡棕色，密被棕色绒毛，边缘绒毛多，形成棕褐色边缘圈。无柄。菌肉灰白色，较软。子囊（20～23）μm×（4～5）μm。子囊孢子（3.3～4.4）μm×（1.6～2.1）μm，椭圆形。
▶ 生长习性：分布在混交林有苔藓的地面，腐生生活。分布于金沙县。

## 6 疣孢褐盘菌

▶ 拉丁学名：*Legaliana badia* (Pers.) Van Vooren
≡ *Peziza badia* Pers.
▶ 形态特征：子囊盘较小，宽3～6cm，无柄，碟状。子实层表面暗褐色。囊盘被暗褐色，表面粉状，近边缘颜色较浅，淡褐色。菌肉淡褐色，较薄，质脆。子囊具8个子囊孢子。子囊孢子（17.5～18.0）μm×（10.0～11.0）μm，椭圆形，透明，表面有不规则网状纹，内含2个油滴。
▶ 生长习性：夏秋季生长于林中湿润地面。分布于威宁彝族回族苗族自治县。

## 7 润滑锤舌菌

▶ 拉丁学名：*Leotia lubrica* (Scop.) Pers.
　　　　　≡ *Helvella lubrica* Scop.
▶ 形态特征：子囊盘直径0.5 ~ 1.0cm，帽形至扁半球形。子实层表面近橄榄色，有不规则皱纹。菌柄长2 ~ 5cm，直径2 ~ 5mm，近圆柱形，稍黏，黄色至橙黄色，被同色细小鳞片。子囊具8个子囊孢子，顶端壁加厚但不为淀粉质。子囊孢子（20 ~ 25）μm×（5 ~ 6）μm，长梭形，两侧不对称，表面光滑，无色。
▶ 生长习性：夏秋季群生于针阔混交林地面。分布于纳雍县。

## ⑧ 美味羊肚菌

▶ 拉丁学名：*Morchella esculenta* (L.) Pers.
　　　　　　≡ *Phallus esculentus* L.

▶ 形态特征：子实体高4～10cm，宽3～6cm，卵形至椭圆形，顶端钝圆，淡红棕色，表面有似羊肚状的凹坑，凹坑不定形至近圆形，宽4～12mm，棱纹色较浅，不规则交叉。菌柄淡黄色，中空，表面粉状，基部膨大并有不规则的浅凹槽，菌柄长5～7cm，直径3.5～4.0cm。子囊（200～300）μm×（18～22）μm，内有8个子囊孢子，单行排列。侧丝顶端膨大，有时有隔。孢子印黄色。子囊孢子椭圆形，光滑，黄白色或黄色，大小为（20～24）μm×（12～15）μm。

▶ 生长习性：春季生长在阔叶林或针阔混交林地面。分布于毕节市。

## ⑨ 波状根盘菌

▶ 拉丁学名：*Rhizina undulata* Fr.

▶ 形态特征：子囊盘小至较大，子囊盘直径3～10cm，厚2～3mm，盘状至贝壳形，边缘波浪状，有褶皱。子实层表面深褐色，光滑。囊盘被土褐色，幼时边缘白色，有菌丝束固着在地面。菌肉浅红褐色。无柄。子囊近圆柱形，含8个子囊孢子，大小为（300～400）μm×（15～25）μm。子囊孢子黄白色，光滑，纺锤形，无分隔，两端突尖，含1～2个油滴，大小为（22～40）μm×（8～11）μm。

▶ 生长习性：夏秋季群生于针叶林地面。分布于纳雍县。

## ⑩ 窄孢陀胶盘菌

- ▶ 拉丁学名：*Trichaleurina tenuispora* M. Carbone, Yei Z. Wang&ChengL. Huang
- ▶ 形态特征：子囊盘直径 5 ~ 10cm，高 4 ~ 8cm，碗状或鼓状。子实层表面幼时灰黄色，后渐呈褐色或深褐色，成熟时黑褐色，平展或有龟裂，表面较光滑。囊盘被褐色或烟褐色，表面有褐色短绒毛。菌肉胶质化程度重，灰色或灰白色。子囊圆柱形，大小为（410 ~ 520）μm×（15 ~ 18）μm，内含8个单行排列的子囊孢子。侧丝线状，无色，壁薄，具分隔，与子囊等长，顶部棒状。子囊孢子无色，大小为（25 ~ 25）μm×（9 ~ 12）μm，椭圆形，两端稍锐，表面有小的疣状突起。
- ▶ 生长习性：单生于混交林地面。分布于金沙县。

## 11 大丛耳菌

▶ 拉丁学名：*Wynnea gigantea* Berk. & M.A. Curtis

▶ 形态特征：子囊果中等至大型，有一共同的菌柄，有的有分枝，从柄上成丛长出几个至十多个兔耳状的子囊盘，高达10～15cm，紫褐色至褐色。子实层高3～8cm，宽1～3cm，两侧向内稍卷，红褐色，光滑，外部色较浅。子囊被棕黄色，较光滑。菌柄3～7cm，直径1～2cm，紫褐色。子囊（280～300）μm×（15～20）μm，近圆柱形，具8个子囊孢子。子囊孢子（25～35）μm×（11～15）μm，近舟形，表面具纵向脊状纹，两端无明显乳头状突起。

▶ 生长习性：夏秋季丛生于林中湿润地面。分布于金沙县。

# 第三章　胶质菌

## ① 毛木耳

▶ 拉丁学名：*Auricularia cornea* Ehrenb.

▶ 形态特征：子实体一年生，直径可达12～15cm，厚0.5～1.5mm，杯状、盘状或贝壳形，较厚，通常群生，有时单生，棕褐色至黑褐色，胶质，有弹性，质地稍硬，中部凹陷，边缘锐且上卷，干后收缩、变硬、角质，浸水后可恢复新鲜时的形态及质地。不育面中部常收缩呈短柄状，密被绒毛，暗灰色。子实层表面平滑，深褐色至黑色。担孢子（11.5～13.8）μm×（4.8～6.0）μm，腊肠形，无色，壁薄，平滑。

▶ 生长习性：夏秋季生于多种阔叶树倒木和腐木上，腐生生活。分布于金沙县。

## ② 匙盖假花耳

▶ 拉丁学名：*Dacryopinax spathularia* (Schwein.) G.W. Martin

　　　　　≡ *Merulius spathularia* Schwein.

▶ 形态特征：子实体高0.6～1.2cm，匙形。子实层单侧生，表面常具纵皱及细绒毛，黄色至橙黄色，胶质，干后变为黄褐色或红褐色。不育面及菌柄表面被有白色绒毛，自柄基部向上渐稀。担孢子（8.0 ～ 15.0）μm×（3.5 ～ 5.0）μm，球形至肾形，无色，光滑，初期无横隔，后期形成 1 ～ 2 个横隔。

▶ **生长习性**：夏季群生在针叶树或阔叶树腐木上。分布于金沙县。

### ③ 单孢胶杯耳（近似种）

▶ **拉丁学名**：*Femsjonia* cf. *monospora* Ekanayaka，Karun.，Q. Zhao & K.D. Hyde
▶ **形态特征**：子实体群生，高 2 ～ 5mm，直径 3 ～ 5mm，初为多泡状突起，后近盘状，硬胶质。子实层表面黄色、橘黄色，干后变为红褐色或深黄褐色，不育面被有粗糙黄色绒毛，边缘为白色绒毛。具短柄或无柄。菌丝具隔，分枝，壁薄，透明、松散。原担子近球形，黄色，壁薄，大小为（100 ～ 150）μm×（7 ～ 10）μm，成熟后叉状。担孢子（25 ～ 30）μm×（10 ～ 15）μm，近球形、水滴状，无隔，壁薄，黄色。
▶ **生长习性**：夏秋季群生于针叶林中的腐木上，腐生生活。分布于赫章县。

# 第四章 珊 瑚 菌

## ① 堇紫珊瑚菌

▶ 拉丁学名：*Clavaria zollingeri* Lév.

▶ 形态特征：子实体密集成丛，高1.5 ~ 6.5cm，丛宽1 ~ 5cm，基部常相连，呈珊瑚状，肉质，易碎，新鲜时淡紫色、堇紫色或水晶紫色，通常向基部渐褪色；顶部分为两叉或多叉的短枝，分枝直径3 ~ 6mm。担孢子（4.1 ~ 7.0）μm×（3.0 ~ 5.5）μm，椭圆形，光滑，无色。

▶ 生长习性：夏秋季丛生或群生于针阔混交林地面。分布于纳雍县。

## ② 栗色锁瑚菌

▶ 拉丁学名：*Clavulina castaneipes* (G.F. Atk.) Corner

　　　　　≡ *Typhula castaneipes* G.F. Atk.

▶ 形态特征：子实体高4.5 ~ 4.7cm，丛宽2.9 ~ 3.1cm，多为掌状分枝，尖端分枝或呈裂瓣状，分枝顶端较尖，分枝颜色比菌柄颜色浅，为棕黄色至灰褐色。菌柄明显，铁锈色至褐色，表面较光滑，少数有褶皱。子实层两面生。担孢子（7.7 ~ 11.2）μm×（7.5 ~ 10.0）μm，表面光滑，近球形至球形，孢子壁薄，透明，非淀粉质，含油滴。

▶ 生长习性：一般散生在阔叶林湿润地面，腐生生活。分布于威宁彝族回族苗族自治县。

## ③ 冠锁瑚菌（近似种）

▶ 拉丁学名：*Clavulina* cf. *coralloides* (L.) J. Schröt.
▶ 形态特征：子实体总高3～6cm，直径2～5cm，珊瑚状，白色至象牙黄色，表面较光滑，少数有纵向的褶皱；位于基部的主分枝常为二叉状至多叉状，近圆柱形或膨大扁平状，向上多为不规则分枝，密集，逐渐变细，顶端常形成鸡冠状或流苏状分枝，尖端较尖且为红棕色，分枝颜色为白色至米白色。菌肉肉质，无特殊气味。担孢子（7.2～9.5）μm×（6.2～8.5）μm，近球形至球形，少数椭圆形，表面光滑，非淀粉质，孢子壁薄，透明，内含油滴，有侧生小尖。
▶ 生长习性：夏秋季生于针阔混交林地面。可食用。分布于纳雍县。

## ④ 灰色锁瑚菌

▶ 拉丁学名：*Clavulina cinerea* (Bull.)J.Schröt.
　　　　　≡ *Clavaria cinerea* Bull.
▶ 形态特征：子实体小，珊瑚状，肉桂灰色至灰褐色，高3cm，宽8mm，二叉状至多叉状分枝，枝顶端有丛状密集、细尖的小枝，呈齿状，尖端圆钝，表面较光滑。菌肉灰白色，内实，无特殊气味。菌柄明显，近圆柱形或扁平，灰白色。担孢子（7.5 ~ 9.2）μm×（7.2 ~ 8.7）μm，无色，壁薄，光滑，非淀粉质，内含油滴，近球形至球形，有小尖。
▶ 生长习性：秋季单生、腐生于针叶林湿润地面。分布于赫章县。

## ⑤ 冠锁瑚菌

▶ 拉丁学名：*Clavulina coralloides* (L.) J. Schröt.
　　　　　≡ *Ramaria cristata* Holmsk.
▶ 形态特征：子实体中等大小，高3 ~ 6cm，宽2.3 ~ 3.8cm，多分枝，白色或灰白色，枝顶端有一丛密集、细尖的小枝。菌肉白色，内实，质脆。基部有柄，长约2cm，表面光滑至微褶皱，白色。担孢子无色，光滑，近球形，有一小尖，大小为（7.0 ~ 9.0）μm×（6.0 ~ 7.5）μm。
▶ 生长习性：群生于阔叶林或针叶林地面。分布于大方县。

## 6 皱锁瑚菌

▶ 拉丁学名：*Clavulina rugosa* (Bull.) J. Schröt.

▶ 形态特征：子实体高 4 ～ 7cm，直径3 ～ 5mm，呈乳白色或象牙黄色，有不规则分枝，分枝呈短粗鹿角状，顶端圆钝，分枝与子实体颜色一致，表面不光滑有褶皱或不规则隆起。子实层两面生。菌肉灰白色，肉质，稍韧。菌柄不明显，近圆柱形或稍有膨大。担孢子（7.6 ～ 9.0）μm×（7.2 ～ 8.3）μm，表面光滑，近球形、椭圆形，孢子壁薄，透明，内含油滴。

▶ 生长习性：夏秋季丛生于混交林地面、腐枝或苔藓间。可食用。分布于纳雍县。

## 7 辛德锁瑚菌

▶ 拉丁学名：*Clavulina thindii* U.Singh

▶ 形态特征：子实体高2～3cm，宽3.1cm，珊瑚状，白紫色至淡红紫色，成熟后变为淡紫灰色，表面光滑；基部多分枝，分枝略扁平，呈二叉状至多叉状，分枝顶端尖锐或稍圆钝。子实层两面生。菌柄明显，白色至灰白色，长6～8mm，直径0.5～1.0cm，表面光滑。菌肉污白色，有时中空，无特殊气味。担孢子（7.3～9.0）μm×（6.2～7.8）μm，近球形至椭圆形，少数果仁形，表面光滑，无色，壁薄，透明，非淀粉质。

▶ 生长习性：夏秋季散生于针阔混交林中的腐木上，喜湿润的生长环境。分布于纳雍县、大方县和赫章县。

## 8 悦色拟锁瑚菌

▶ 拉丁学名：*Clavulinopsis laeticolor* (Berk. & M.A. Curtis) R.H. Petersen

▶ 形态特征：子实体高2～5cm，宽1.5～3.0mm，单生，纤细，细棒状，不分枝或少分枝，分枝呈鹿角状，枝端较圆钝，橙黄色至橙色，表面光滑、干燥，基部颜色逐渐变淡。菌肉淡黄色。担孢子（4.5～7.0）μm×（3.5～5.5）μm，近椭圆形，光滑，壁稍厚。

▶ 生长习性：夏秋季单生于针叶林地面，腐生生活，喜湿润的生长环境。分布于赫章县。

## ⑨ 环沟拟锁瑚菌

▶ 拉丁学名：*Clavulinopsis sulcata* Overeem
▶ 形态特征：子实体高5.5～6.2cm，直径1.8～3.0mm，亮橙色，微弯曲，棒状，枝端尖，不分枝或很少分枝。菌柄分界不明显，表面光滑或有细沟纹，微扁。担孢子（5.8～7.2）μm×（5.8～6.8）μm，球形，光滑。
▶ 生长习性：夏秋季散生于针阔混交林，喜湿润的生长环境。分布于大方县。

## 10 细顶枝瑚菌

▶ 拉丁学名：*Ramaria gracilis* (Pers.)Quél.
　　　　　　≡ *Clavaria gracilis* Pers.

▶ 形态特征：子实体小至中等，整丛高3～10cm，宽2～5cm，多次分枝且密，上部
　　　　　　分枝较短，小枝末端有2～3个小齿，似鸡冠状，为白黄色；子实体下部
　　　　　　为赭黄色或黄褐色，基部色浅，为污白色，表面被细绒毛，基部常缠绕交
　　　　　　错。菌肉白色，质脆。担孢子（5～7）μm×（3～4）μm，无色，椭圆形，
　　　　　　表面粗糙或具小疣。

▶ 生长习性：夏秋季单生于针叶林湿润地面。分布于纳雍县和织金县。

# 第五章 多孔菌、齿菌、革菌

## ❶ 田中薄孔菌

▶ 拉丁学名：*Antrodia tanakae* (Murrill) Spirin & Miettinen

　　　　≡ *Irpiciporus tanakae* Murrill

▶ 形态特征：子实体一年生或多年生，无柄，平伏，革质，干后木栓质。菌盖为半圆形
　　　　或扇形，覆瓦状叠生，外伸可达3～4cm，基部厚可达1～2cm，边缘
　　　　钝；菌盖奶油色至浅灰色，被微绒毛至光滑，外部环沟纹为浅褐色与白
　　　　色相间。菌孔孔口表面新鲜时浅灰黄色或浅褐色，孔口多角形，每毫米
　　　　1～2个；孔口边缘厚，全缘至撕裂状；不育边缘明显，边缘薄。担孢子
　　　　（6.4～10.4）μm×（2.7～4.3）μm，圆柱形，无色，壁薄，光滑。

▶ 生长习性：春秋季单生于多种阔叶树的枯枝、倒木和落枝上。分布于织金县。

## ❷ 苹果褐伏孔菌

▶ 拉丁学名：*Brunneoporus malicola* (Berk. & M.A. Curtis) Audet

　　　　≡ *Trametes malicola* Berk. & M.A. Curtis

▶ 形态特征：子实体一年生，平伏反卷至盖状，中生或侧生于腐木上。菌盖近圆形或
　　　　半圆形，外伸可达2cm，宽可达3.5cm，基部厚可达1.3cm，表面被绒毛

至光滑，灰褐色，有裂沟；边缘锐，有时开裂。菌孔孔口干后浅黄褐色至肉桂黄色，每毫米 3～4 个；孔口边缘薄，全缘至撕裂状。菌肉浅赭色至褐色，厚可达 5mm。菌管比菌肉颜色稍浅，长可达 7mm。担孢子（6.2～10.2）μm×（2.7～4.0）μm，圆柱形至椭圆形，无色，壁薄，光滑。

▶ 生长习性：夏秋季单生于腐木上。分布于纳雍县。

## ③ 变形多孔菌

▶ 拉丁学名：*Cerioporus varius* (Pers.) Zmitr. & Kovalenko
　　　　　　≡ *Polyporus varius* (Pers.) Fr.
　　　　　　≡ *Boletus varius* Pers.

▶ 形态特征：子实体一年生，具侧生柄，革质。菌盖匙形或扇形，从基部向边缘逐渐变薄，直径 2.3cm，中部厚度为 4mm，边缘锐；表面有淡黄色绒毛，整体呈浅黄色，干后表面褐色或深褐色。菌孔表面浅黄色或黄褐色，多角形，每毫米 5～8 个；边缘薄，全缘。菌肉厚达 2mm，灰黄色。菌管小，不规则形，管面及管里灰黄色，不易分离。菌柄长 1.2cm，直径 4mm，顶部灰黄色，中部及基部黑色，被细绒毛，圆柱形，革质，内部松软，基部杵状，表面不黏、较光滑。担孢子（6～10）μm×（2～3）μm，圆柱形，无色，壁薄，光滑，非淀粉质，不嗜蓝。

▶ 生长习性：夏秋季单生于混交林中的腐木上，腐生生活。分布于大方县。

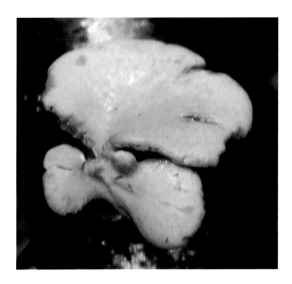

## ④ 环带齿毛菌

▶ 拉丁学名：*Cerrena zonata* (Berk.) H.S. Yuan

≡ *Irpex zonatus* Berk.

▶ 形态特征：子实体一年生，覆瓦状叠生。菌盖半圆形，外伸可达4～7cm，宽可达8～11cm，中部厚可达3mm，边缘锐，干后波状；具不同颜色的同心环带和浅的环沟，边缘黄褐色。菌孔孔口表面橘黄色至黄褐色，初期近圆形，每毫米3～4个。菌肉异质。革质菌管与菌孔孔口表面同色，单层，软木栓质。担孢子（12.5～16.4）μm×（3.0～3.6）μm，椭圆形，无色，壁薄，光滑。

▶ 生长习性：夏秋季群生于针叶林中干燥的树枝上，腐生生活。分布于威宁彝族回族苗族自治县。

## 5 魏氏集毛孔菌

▶ 拉丁学名：*Coltricia weii* Y.C. Dai
▶ 形态特征：子实体一年生，具中生柄，新鲜时革质，干后木栓质。菌盖圆形至漏斗形，直径可达3cm，中部厚可达1.5mm，边缘薄、锐，呈撕裂状，干后内卷；表面锈褐色至暗褐色，具明显的同心环区。菌孔孔口表面肉桂黄色至暗褐色，圆形至多角形，每毫米3～4个；边缘薄，全缘至略呈撕裂状；不育边缘明显。菌肉暗褐色，革质，厚可达0.5mm。菌管棕土黄色，长可达1mm。菌柄暗褐色至黑褐色，长可达1.5cm，直径可达2mm。担孢子（4.8～6.4）μm×（3.2～4.4）μm，椭圆形，浅黄色，光滑，非淀粉质，弱嗜蓝。
▶ 生长习性：春夏季生于阔叶林中的腐木上，导致木材腐朽变白。分布于大方县。

## 6 乳色平栓菌

▶ 拉丁学名：*Cubamyces lactineus* (Berk.) Lücking
　　　　　≡ *Leiotrametes lactinea* (Berk.) Welti & Courtec.
　　　　　≡ *Polyporus lactineus* Berk
▶ 形态特征：子实体一年生，覆瓦状叠生，革质，硬。菌盖半圆形或扇形，外伸可达3～5cm，宽可达10cm，中部厚1.0～1.5cm，边缘薄，干后内卷；上表面黄色至黄褐色，具同心环纹，不平，覆有绒毛，边缘色淡，灰白色，光滑。子实层表面淡灰黄色。菌孔孔口表面白色或乳白色，密，多角形至近圆形，每毫米2～3个，孔壁薄。菌肉乳白色，软。菌管与孔口表面同色，长可达8mm。担孢子（4.0～6.0）μm×（1.5～2.5）μm，圆柱形。
▶ 生长习性：夏末和秋季单生于混交林中的腐木上。食药兼用。分布于纳雍县和织金县。

## ⑦ 灰蓝波斯特孔菌

▶ 拉丁学名：*Cyanosporus caesius* (Schrad.) McGinty

≡ *Postia caesia* (Schrad.) P. Karst.

≡ *Boletus caesius* Schrad.

▶ 形态特征：子实体一年生，肉质至革质。菌盖半圆形或扇形，外伸可达6cm，宽可达5cm，基部厚可达1.5cm，边缘较锐，干后内卷；菌盖表面新鲜时奶油色，后期变为灰蓝色至深蓝色，干后为淡褐蓝色至污褐色，被绒毛。菌孔孔口表面新鲜时奶油色至淡灰蓝色，干后黄褐色，多角形，每毫米3～4个；边缘薄，全缘至撕裂状；不育边缘几乎无。菌肉乳白色，厚1～10mm。菌管灰蓝色，纤维质，长可达2～8mm。担孢子（4.3～5.2）μm×（1.0～1.1）μm，腊肠形，非淀粉质，不嗜蓝。

▶ 生长习性：秋季单生或数个连生于针叶树上，导致木材变褐腐朽。分布于纳雍县。

## 8 绿蓝孔菌

▶ 拉丁学名：*Cyanosporus coeruleivirens* (Corner) B.K. Cui，Shun Liu & Y.C. Dai
≡ *Tyromyces coeruleivirens* Corner

▶ 形态特征：子实体肉质至革质。菌盖直径7cm，近圆形或扇形，基部厚可达1.5cm，边缘较锐，干后内卷；菌盖表面白色至奶油色，干后淡褐蓝色至污褐色，被绒毛。菌孔孔口表面新鲜时奶油色，干后黄褐色，多角形。菌肉乳白色，厚1～10mm。担孢子（3.8～4.8）μm×（1.0～1.3）μm，腊肠形。

▶ 生长习性：秋季单生或数个连生于针叶树上。分布于黔西市。

## 9 蓝粉波斯特孔菌

▶ 拉丁学名：*Cyanosporus glaucus* (Spirin & Miettinen) B.K. Cui & Shun Liu
≡ *Postia glauca* Spirin & Miettinen

▶ 形态特征：子实体平铺于腐木上，表面凹陷，无柄。菌盖近圆形，表面不平整，外伸可达3cm，中部厚可达1mm，边缘锐，不开裂；表面新鲜时米白色。菌孔孔口表面新鲜时肉桂色，孔与孔之间为米白色，多角形，每毫米2～6个；边缘薄，全缘或略呈撕裂状。菌管与孔口表面同色。担孢子（4.1～5.4）μm×（1.1～1.5）μm，椭圆形，无色，壁稍厚，淀粉质，不嗜蓝。

▶ 生长习性：夏末和秋季单生于针叶林中的腐木上，腐生生活。分布于大方县。

## 10 粗糙拟迷孔菌

▶ 拉丁学名：*Daedaleopsis confragosa* (Bolton) J. Schröt.

≡ *Boletus confragosus* Bolton

▶ 形态特征：子实体一年生，覆瓦状叠生，木栓质。菌盖外伸1.3 ~ 3.4cm，中部厚可达2.5cm，半圆形至贝壳形，边缘锐；表面浅黄色至褐色，初期被细绒毛，后期光滑，具同心环带和放射状纵条纹，有时具疣突。菌孔孔口表面奶油色至浅黄褐色，近圆形至长方形，有时褶状，每毫米1个；边缘薄，锯齿状；不育边缘窄，奶油色，宽可达0.5mm。菌肉灰色或浅黄褐色，厚可达1.5cm。菌管与菌肉同色，长可达1cm。担孢子（7.0 ~ 10.0）μm ×（2.0 ~ 3.5）μm，圆柱形，略弯曲，无色，壁薄，光滑，非淀粉质，不嗜蓝。

▶ 生长习性：夏秋季群生于针叶林中的腐木上，喜湿润的生长环境，腐生生活。分布于大方县。

## 11 北方迷孔菌

▶ 拉丁学名：*Daedaleopsis septentrionalis* (P. Karst.) Niemelä
　　　　　 ≡ *Lenzites septentrionalis* P. Karst.

▶ 形态特征：子实体一年生。菌盖棕色，成熟后黑色，扇形，光滑，表面干，宽可达
　　　　　 5cm，外伸可达3cm，具明显的同心环带，边缘有条纹，较锐，呈波状。
　　　　　 菌孔宽达3mm，灰白色，成熟后棕色，边缘波状。

▶ 生长习性：春秋季生于针叶林中的腐木上，喜湿润的生长环境。分布于赫章县。

## 12 三色拟迷孔菌

▶ 拉丁学名：*Daedaleopsis tricolor* (Bull.) Bondartsev & Singer
　　　　　 ≡ *Agaricus tricolor* Bull.

▶ 形态特征：子实体一年生，覆瓦状叠生，直径2cm，无柄，木栓质。菌盖半圆形，边
　　　　　 缘表皮延伸，外伸可达2～5cm，宽可达5～10cm，基部厚可达1cm，
　　　　　 边缘锐；表面灰色至红褐色，光滑，具同心环带，边缘与菌盖表面同色。
　　　　　 子实层体灰褐色至栗褐色，初期呈不规则孔状，每毫米1～2个孔，成熟后
　　　　　 呈褶状，有时二叉分枝。菌肉浅褐色，木栓质，厚可达1mm。菌褶颜色比
　　　　　 子实层体稍浅，木栓质，厚可达9mm。担孢子（6.9～9.1）μm×（2.1～2.5）
　　　　　 μm，圆柱形，无色，壁薄，光滑，非淀粉质，不嗜蓝。

▶ 生长习性：夏秋季生长于阔叶树的倒木、树桩和落枝上，喜湿润的生长环境。分布于
　　　　　 大方县和赫章县。

## 13 血红密孔菌

▶ 拉丁学名：*Fabisporus sanguineus* (L.) Zmitr.

≡ *Pycnoporus sanguineus* (L.) Murrill

≡ *Boletus sanguineus* L.

▶ 形态特征：子实体一年生，无柄或近有柄，平展至反卷，木栓质。菌盖半圆形且扁平，单生或覆瓦状叠生，外伸可达 1.0 ~ 3.5cm，宽可达 1.0 ~ 6.5cm，基部厚可达 2 ~ 6mm，边缘薄而锐；表面为橙黄色或橙红色至近血红色，老后褪色，干后颜色几乎不变，光滑或具微细绒毛，有时具不明显的同心环带。菌肉浅橙色至红色，有环纹，厚约 3mm。菌管浅橙色，长约 2mm。菌孔孔面与菌盖同色，孔口呈圆形，每毫米 4 ~ 6 个；边缘薄，全缘。担孢子 (3.1 ~ 5.4) μm × (1.6 ~ 2.6) μm，椭圆形至圆柱形，无色，壁薄，光滑，非淀粉质，不嗜蓝。

▶ 生长习性：夏末和秋季单生于混交林中的腐木上。分布于织金县。

## 14 弯柄灵芝

▶ 拉丁学名：*Ganoderma flexipes* Pat.
▶ 形态特征：子实体一年生，具侧生柄，软木栓质至木栓质。菌盖近匙形，外伸可达2cm，宽可达3cm，厚可达1cm，边缘钝或呈截形；表面红褐色，具漆样光泽。菌孔孔口表面灰棕色，近圆形，每毫米4～5个；边缘厚，全缘。菌肉淡褐色，厚可达1.5mm。菌管暗褐色，长可达9mm。菌柄与菌盖同色或色稍深，长可达10.1cm，直径可达1cm。担孢子(8.0～9.5)μm×(4.6～6.0)μm，椭圆形，顶端平截，黄褐色，双层壁，外壁光滑，内壁具小刺，非淀粉质，弱嗜蓝。

▶ 生长习性：夏季生于阔叶林地面腐木上，导致木材腐朽变白。分布于大方县。

## 15 灵芝（赤芝）

▶ 拉丁学名：*Ganoderma lingzhi* Sheng H. Wu, Y. Cao & Y.C. Dai
▶ 形态特征：子实体一年生，具侧生或偏生柄，新鲜时软木栓质，干后木栓质。菌盖平展盖状，外伸可达4.1～5.6cm，宽可达7～11cm，基部厚可达1.5cm；颜色多变，幼时浅黄色、浅黄褐色至黄褐色，成熟时黄褐色至红褐色。菌孔孔口表面幼时白色，成熟时硫黄色，干燥时淡黄色，近圆形或多角形，每毫米5～6个；边缘薄，全缘；不育边缘明显。菌肉浅褐色，双层，上层菌肉颜色浅，下层菌肉颜色深，软木栓质。菌管褐色，木栓质，颜色明显比菌肉深，长可达1.1cm。菌柄扁平状或近圆柱形，幼时橙黄色至浅黄褐色，成熟时红褐色至紫黑色，长达9.3～11.3cm，直径可达1.1～1.4cm。担孢子(9.2～10.7)um×(5.8～7.0)um，椭圆形，顶端平截，浅褐色，双层壁，内壁具小刺，非淀粉质，嗜蓝。
▶ 生长习性：夏秋季生于多种阔叶树的垂死木、倒木和腐木上，导致木材腐朽变白。可药用。分布于赫章县和威宁彝族回族苗族自治县。

## 16 深褐褶菌

- ▶ 拉丁学名：*Gloeophyllum sepiarium* (Wulfen) P. Karst.
  ≡ *Agaricus sepiarius* Wulfen
- ▶ 形态特征：子实体一年生或多年生，无柄，覆瓦状叠生，革质。菌盖扇形，外伸可达5cm，宽可达10cm，基部厚可达7mm，边缘锐且薄；表面深褐色，老旧组织带黑色，有粗绒毛及宽环带，橘黄色，边缘灰白色。菌褶锈褐色至深咖啡色，宽2～7mm，极少相互交织。不育边缘明显。菌肉棕褐色。担孢子圆柱形，无色，光滑，非淀粉质，不嗜蓝，大小为（7.5～10.5）μm×（3.0～3.7）μm。
- ▶ 生长习性：夏秋季生于马尾松、云杉、冷杉、落叶松等针叶树的倒木上，导致树木腐朽。偶尔也生于桦等阔叶树的倒木上。可药用。分布于纳雍县。

## 17 灰树花孔菌

▶ 拉丁学名：*Grifola frondosa* (Dicks.) Gray
　　　　　　≡ *Boletus frondosus* Dicks.

▶ 形态特征：子实体一年生，有柄，半肉质，密集覆瓦状叠生或连生，从基部分枝形
　　　　　　成许多侧生柄。菌盖半圆形、扇形、匙形、贝壳形，外伸可达6.4cm，宽
　　　　　　8cm，边缘呈波状，干后内卷；表面灰白色至淡褐色，光滑，具有明显的
　　　　　　放射状条纹，无同心环带。菌肉白色，厚4mm。菌孔孔口表面白色至奶油
　　　　　　色，形状不规则，每毫米2～3个。菌管与孔口表面同色，延生至菌柄上
　　　　　　部，长可达3mm。菌柄多分枝，奶油色，长可达8cm，直径可达1.5cm。
　　　　　　担孢子（5.2～6.7）μm×（3.8～4.2）μm，卵圆形至圆形，无色，壁薄，
　　　　　　光滑，非淀粉质，不嗜蓝。

▶ 生长习性：夏秋季单生于树木基部和树桩上，腐生生活，喜湿润的生长环境。分布于
　　　　　　大方县。

## 18 岛生异担子菌

▶ 拉丁学名：*Heterobasidion insulare* (Murrill) Ryvarden
　　　　　　≡ *Trametes insularis* Murrill

▶ 形态特征：子实体一年生，无柄或有狭窄的柄状基部，偶尔平伏反卷，通常覆瓦状叠
　　　　　　生，新鲜时革质，干后硬革质或木栓质。菌盖半圆形，外伸可达2～7cm，
　　　　　　宽可达3～10cm，厚0.5～1.0cm，边缘薄，有皱纹，光滑，基部为深
　　　　　　污褐色，边缘灰白色。菌肉白色，厚0.5～3.0mm。菌管与菌肉同色，
　　　　　　长1～7mm，靠近基部较长，近边缘渐短。担孢子（4.2～5.2）μm×
　　　　　　（3.5～4.3）μm，无色，壁厚，近球形至椭圆形，具细微疣刺。

▶ 生长习性：夏秋季生于针叶林树枝上。分布于赫章县。

## 19 微环锈革孔菌

▶ **拉丁学名**：*Hymenochaete microcycla* (Zipp. ex Lév.) Spirin & Miettine
　　　　　　≡ *Polyporus microcyclus* Zipp. ex Lév.

▶ **形态特征**：子实体一年生，盖状，覆瓦状叠生，革质，干后为硬骨质。菌盖呈半圆形
　　　　　　至扇形，外伸可达20cm，宽可达2.5～8.0cm，基部厚可达4mm，边缘
　　　　　　干后钝；上表面暗褐色至浅红褐色，具窄同心环沟，被绒毛。菌肉深褐色，
　　　　　　异质，层间具一黑线区，厚可达2mm。菌孔孔口表面暗褐色至酱红色，圆
　　　　　　形，每毫米7～9个；不育边缘明显。菌管黄褐色，比孔口表面颜色浅，
　　　　　　长2mm。担孢子（3.2～4.0)μm×(1.9～2.1)μm，椭圆形，无色，壁薄。

▶ **生长习性**：生长在混交林中的腐木上，腐生生活，喜湿润的生长环境。分布在金沙县。

## 20 干锈革孔菌

▶ 拉丁学名：*Hymenochaete xerantica* (Berk.) S.H. He & Y.C. Dai
　　　　　　≡ *Polyporus xeranticus* Berk.

▶ 形态特征：子实体多年生，盖状，平伏至平伏反卷，通常覆瓦状叠生，软革质，干后革质，表面粗糙，不平整。菌盖半圆形、扁平贝壳形，外伸可达 3～4cm，宽可达 5～6cm，基部厚可达 2mm；有不明显的向心浅环，初期淡黄褐色，后期深褐色，生长时边缘为黄色，腹面亮黄色至棕褐色，后期均为深褐色。菌孔孔口表面浅黄褐色，孔口圆形至多角形，每毫米 3～5 个；孔口边缘薄，呈撕裂状，不育边缘明显。菌肉黄色至暗褐色，异质，层间具一黑线区，厚可达 2mm。菌管金黄色，比孔口表面颜色浅，长可达 2mm。担孢子（3.0～4.0）µm×（1.2～1.6）µm，圆柱形，略弯曲，末端略变尖，无色，壁薄。

▶ 生长习性：夏秋季生长在腐木上。分布于大方县。

## 21 双色松革菌

▶ 拉丁学名：*Laxitextum bicolor* (Pers.) Lentz
　　　　　　≡ *Thelephora bicolor* Pers.

▶ 形态特征：子实体一年生。菌盖扇形，外伸可达 60cm，宽可达 30cm，中部厚可达 6mm，边缘锐，有时开裂，干后内卷；表面褐色，干后变皱，边缘不光滑。菌孔孔口与菌盖同色，边缘薄，全缘或略呈撕裂状。菌肉质脆，暗褐色，厚可达 3mm。菌管与孔口表面同色，长可达 3mm。担孢子（3.5～5.0）µm×（3.0～4.0）µm，椭圆形，表面有疣突，无色，壁薄，淀粉质。

▶ 生长习性：夏末和秋季丛生于混交林中的腐木上，生长于干燥处。食药兼用。分布于织金县。

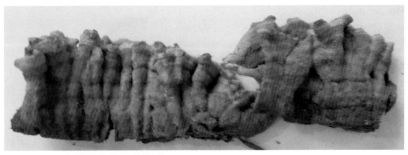

## 22 结晶小疏松革菌（近似种）

▶ 拉丁学名：*Laxitextum* cf. *incrustatum* Hjortstam & Ryvarden

▶ 形态特征：子实体一年生，平伏，易与基物剥离，蜡质至革质，干后收缩。菌盖扇形，外伸可达30cm，宽可达15cm，中部厚可达6mm，表面淡灰白色，干后土黄色至浅褐色并变皱，有时开裂，干后内卷。菌肉奶油色，肉质，干后质脆，暗褐色，厚可达0.3mm。菌管肉质，浅棕黄色，质脆。担孢子(3.3～4.6)μm×(2.5～3.3)μm，近球形至椭圆形，近梗处略弯曲，无色，壁薄，非淀粉质，不嗜蓝。

▶ 生长习性：夏末和秋季单生于混交林中的腐木上，生长于干燥处。分布于威宁彝族回族苗族自治县。

## 23 桦褶孔菌

▶ **拉丁学名：** *Lenzites betulinus* (L.) Fr.

　　　　　　≡ *Agaricus betulinus* L.

▶ **形态特征：** 子实体一年生，无柄，覆瓦状叠生，新鲜时革质，无味，干后硬革质。菌盖半圆形、扇形，菌盖外伸4.5cm，宽可达7cm，中部厚度为4mm，菌盖表面新鲜时乳白色、灰白色、淡黄棕色或浅灰褐色，被绒毛或粗毛，有明显不同颜色的同心环纹；边缘锐，全缘或呈波状，为灰白色。子实层体褶状，放射状排列。菌褶边缘薄，全缘或略呈撕裂状，菌褶黄褐色至灰褐色，木栓质，长可达1.2cm。菌肉浅黄色，厚可达3mm，干后木栓质。担孢子（4.7～6.5）μm×（1.6～2.6）μm，圆柱形至腊肠形，无色，壁薄，光滑，非淀粉质，不嗜蓝。

▶ **生长习性：** 夏末和秋季生于针叶林中的腐木上。食药兼用。分布于大方县。

## 24 柔软细长孔菌

▶ **拉丁学名：** *Leptoporus mollis* (Pers.) Quél.

　　　　　　≡ *Boletus mollis* Pers.

▶ **形态特征：** 子实体一年生，无柄，呈盖状或平伏反卷，新鲜时柔软，无特殊气味，含水分较多，干后强烈收缩，变为木栓质，重量明显变轻。菌盖半圆形或近半圆形，外伸可达3cm，宽可达2cm，基部厚可达5mm，边缘锐，干后内卷；菌盖新鲜时粉红色至深肉红色，后期变为紫褐色，表面初期有微绒毛，后期光滑，无环区。菌孔孔口表面新鲜时乳白色至浅粉红色，干后变为暗紫褐色，比菌肉颜色深；不育边缘明显，宽可达5mm。菌管管口近圆形至多角形，每毫米2～4个，管口边缘薄，略呈锯齿状或近全缘，菌管新鲜时粉色至浅粉红色，干后为暗紫褐色，比菌肉颜色深，长可达 3mm。菌肉奶油色至粉黄色，新鲜时肉质，干后软木栓质，厚可达 2mm。担孢子腊肠形，无色，壁薄，平滑，大小为（4.7 ~ 6.0）μm×（1.6 ~ 2.1）μm。

▶ 生长习性：夏秋季生长在树上。分布于赫章县。

## (25) 厚皱孔菌属

▶ 拉丁学名：*Meruliporia incrassata* (Berk. & M.A. Curtis) Murrill
　　　　　≡ *Merulius incrassatus* Berk. & M.A. Curtis

▶ 形态特征：子实体一年生，较小，白色。菌盖扇形或匙形，厚 1.0 ~ 1.5mm，边缘薄，呈波浪状，干后内卷；表面光滑，初为白色，干后色变暗。菌肉白色，厚 1mm。担孢子椭圆形至卵圆形，光滑，大小为（8.8 ~ 14.0）μm×（4.8 ~ 6.0）μm。

▶ 生长习性：夏秋季生长在针叶林中的腐木上。分布于纳雍县。

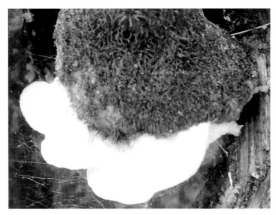 

## 26 黄褐小孔菌

▶ **拉丁学名**: *Microporus xanthopus* (Fr.) Kuntze

　　≡ *Polyporus xanthopus* Fr.

▶ **形态特征**: 子实体一年生，中等或较大，直径9.5cm，具中生柄或稍偏生柄。菌盖薄，新鲜时韧革质，干后硬革质至木栓质，漏斗形，表面新鲜时浅黄褐色至黄褐色。菌肉白色，干后淡棕黄色，木栓质，厚度达3mm。菌孔孔口表面新鲜时白色至奶油色，干后淡赭石色，孔口多角形，每毫米8～10个。菌管管口圆形，管壁完整且平滑。菌柄白色，长6.5cm，直径1.3cm，具浅黄褐色表皮，顶端和基部覆有白色菌丝，基部直径为1.5cm，呈杆状。担孢子（6.0～7.5）μm×（2.0～2.5）μm，短圆柱形，略弯曲，无色，壁薄，光滑。

▶ **生长习性**: 夏末和秋季散生于混交林中的腐木或地面。分布于赫章县。

## 27 紫褐黑孔菌

▶ **拉丁学名**: *Nigroporus vinosus* (Berk.) Murrill

　　≡ *Polyporus vinosus* Berk.

▶ **形态特征**: 子实体一年生，无柄，覆瓦状叠生，新鲜时革质，干后木栓质。菌盖扇形，厚1mm，边缘锐或钝；表面新鲜时紫红褐色至紫褐色，具不同颜色的同心环带或环沟，有时具瘤状突起，干后黑褐色，边缘浅褐色。菌孔孔口表面奶油色至灰色，触摸后变为暗褐色，孔口圆形至多角形，每毫米8～10个；边缘薄，全缘。菌肉浅紫褐色，厚可达3.5mm。菌管紫褐色，长可达1.5mm。担孢子（3.5～4.4）μm×（1.6～2.1）μm，腊肠形，无色，壁薄，光滑，非淀粉质，不嗜蓝。

▶ **生长习性**: 夏秋季生长在混交林地面，腐生生活，喜湿润的生长环境。分布于织金县和金沙县。

## (28) 硬拟层孔菌

▶ 拉丁学名：*Niveoporofomes spraguei* (Berk. & M.A. Curtis) B.K. Cui，M.L. Han & Y.C. Dai

≡ *Fomitopsis spraguei*（Berk.&M.A.Curtis）Gilb.& Ryvarden

≡ *Polyporus spraguei* Berk. & M.A. Curtis

▶ 形态特征：子实体一年生，无柄，新鲜时肉质，多汁，无特殊气味。菌盖半圆形，外伸可达6cm，宽可达8cm，基部厚可达1.5cm，边缘钝；表面新鲜时浅黄色，基部具同心沟槽，被绒毛，成熟时淡黄褐色，绒毛脱落。菌孔孔口表面奶油色至淡黄褐色，圆形至不规则形，每毫米3～4个；边缘较厚，全缘。菌肉乳白色，厚可达1cm。菌管颜色比孔口表面颜色稍浅，木栓质，长可达7mm。担孢子（4.0～6.0）μm×（3.3～5.0）μm，球形，无色，壁薄，光滑，非淀粉质，不嗜蓝。

▶ 生长习性：夏秋季单生或叠生于阔叶树上，导致木材腐朽变褐。分布于纳雍县。

## 29 微毛小隔孢伏革菌

▶ 拉丁学名：*Peniophorella pubera* (Fr.) P. Karst.

≡ *Thelephora pubera* Fr.

▶ 形态特征：子实体一年生，平伏至反卷，覆瓦状叠生，近蜡质。菌盖扇形，中部厚可达 4 ~ 6mm，边缘锐，波浪形，有时开裂，干后内卷；表面褐色，干后变皱，边缘具同心环区。菌孔孔口新鲜时灰白色，多角形；边缘薄，全缘或略呈撕裂状，干后褐色。菌肉浅褐色，厚可达 3mm。菌管与孔口表面同色，长可达 1mm。担孢子（5.2 ~ 7.8）µm×（3.1 ~ 3.5）µm，椭圆形，略弯曲，无色，壁薄，光滑，非淀粉质，不嗜蓝。

▶ 生长习性：夏末和秋季生于阔叶树的腐木上，喜湿润的生长环境。分布于威宁彝族回族苗族自治县。

## 30 骨质多年卧孔菌

▶ 拉丁学名：*Perenniporiopsis minutissima* (Yasuda) C.L. Zhao

≡ *Trametes minutissima* Yasuda

▶ 形态特征：子实体一年生，无柄，单生或覆瓦状叠生，干后硬骨质。菌盖形状不规则，外伸可达 3.5 ~ 10.0cm，宽可达 4 ~ 17cm，厚 0.5 ~ 1.3cm，表面橙棕色至浅红棕色，具疣突，边缘有白色绒毛。菌孔孔口表面新鲜时奶油色，干后黄棕色至赭褐色，多角形，每毫米 3 ~ 5 个；边缘薄，全缘，淡黄色。菌肉奶油色至浅黄色，厚可达 2cm。菌管浅黄色至黄褐色，长可达 1cm。担孢子（9.9 ~ 12.8）µm×（5.9 ~ 7.8）µm，椭圆形，无色，壁厚，光滑，拟糊精质，嗜蓝。

▶ 生长习性：夏秋季单生或散生在倒木或树桩上，喜湿润的生长环境。分布于威宁彝族回族苗族自治县和纳雍县。

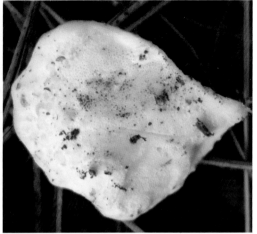

## 31 亚热带黑柄多孔菌

▶ **拉丁学名**：*Picipes subtropicus* J.L. Zhou & B.K. Cuic

▶ **形态特征**：子实体一年生，具侧生柄，群生。菌盖近半圆形或扇形，外伸可达2～5cm，中部厚可达6mm，边缘锐，有时开裂，干后内卷；表面光滑，基部常呈黑色，边缘为红棕色至棕橙色，干后土黄色至浅褐色并变皱。菌孔孔口表面新鲜时白色，干后浅黄褐色至肉桂黄色，孔口多角形，每毫米8～9个；边缘薄，全缘或略呈撕裂状。菌肉浅黄色，新鲜时肉质，干后质脆，暗褐色，厚可达3mm。菌管与孔口表面同色，长可达3mm。菌柄短，基部扁平，长可达1cm，直径可达5.1mm。担孢子（5.1～6.2）μm×（2.2～2.7）μm，圆筒形，透明，光滑。

▶ **生长习性**：夏季生于林中腐木上。分布于纳雍县。

## 32 软异薄孔菌

▶ 拉丁学名：*Podofomes mollis* (Sommerf.) Gorjón

　　　　　≡ *Daedalea mollis* Sommerf.

▶ 形态特征：子实体一年生，平伏反卷，木栓质。菌盖半圆形，外伸可达 3 ～ 5cm，宽可达8cm，厚5 ～ 6mm，表面灰色或浅棕色，干后稍内卷。菌孔孔口表面浅灰褐色至污褐色，圆形至不规则形，每毫米1 ～ 2个；孔口边缘薄，全缘或呈撕裂状；不育边缘明显，宽可达1.5mm。菌肉淡褐色或浅黄褐色，异质，上层为绒毛层，下层为菌肉层，厚可达2mm，层间具一条黑线。菌管与孔口表面同色，长可达4mm。担孢子（6.5 ～ 9.0）μm×（2.5 ～ 3.5）μm，圆柱形，无色，壁薄，光滑。

▶ 生长习性：春季至秋季生于榕树等阔叶树倒木上，导致木材腐朽变白。分布于大方县。

## 33 短担子多孔菌

▶ 拉丁学名：*Polyporus brevibasidiosus* H. Lee N.K. Kim & Y.W. Lim

▶ 形态特征：子实体具中生或侧生柄。菌盖近圆形或扇形，中部凹陷呈漏斗形，直径可达2cm，中部厚可达1mm，边缘锐，有时开裂，干后内卷；表面黄色至黄褐色，干后土黄色至浅褐色并变皱，光滑或覆有细绒毛。菌孔孔口表面新鲜时白色，干后肉桂黄色，多角形，每毫米2个；边缘薄，全缘或略呈撕裂状。菌肉厚可达1mm。菌管长可达2mm，直径可达1mm。担孢子（6.3 ～ 7.4）μm×（2.8 ～ 3.3）μm，椭圆形，无色，淀粉质，不嗜蓝。

▶ 生长习性：夏秋季分布在腐木上。分布于大方县和纳雍县。

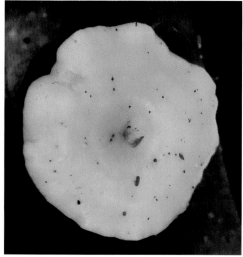

**34 薄边蜂窝菌**

▶ 拉丁学名：*Pseudofavolus tenuis* (Fr.) G. Cunn.
　　　　　　≡ *Hexagonia tenuis* (Hook) Fr.
　　　　　　≡ *Favolus tenuis* Fr.

▶ 形态特征：子实体一年生，无柄，覆瓦状叠生，新鲜时革质，干后硬革质。菌盖半圆
　　　　　　形或贝壳形，菌盖外伸可达12cm，中部厚可达3mm，边缘薄；上表面初
　　　　　　为灰色、灰黄色至灰褐色，后期为褐色至赭色，光滑，具褐色同心环纹。菌
　　　　　　孔孔口表面初期浅灰色，后期烟灰色至灰褐色，孔口蜂窝状，每毫米2～3
　　　　　　个。菌肉黄褐色，厚可达1.5mm。菌管深2mm，烟灰色至灰褐色。担孢子
　　　　　　（11.0～13.5）μm×（4.0～4.5）μm，圆柱形，无色，壁薄，平滑。

▶ 生长习性：夏末和秋季生于针叶林中的枯木上，喜湿润的生长环境。分布于赫章县。

## 35 鳞干皮孔菌

▶ 拉丁学名：*Skeletocutis lepida* A. Korhonen & Miettinen

▶ 形态特征：子实体一年生到多年生。菌盖幼嫩时白色，成熟后淡紫色或淡褐色，干后稍褪色。菌肉白色。菌孔孔面与菌肉同色或与菌盖颜色相似。菌管短，管口通常小。担孢子（2.9 ～ 3.0）μm×（0.5 ～ 0.6）μm，腊肠形，圆柱形至椭圆形，透明，平滑。

▶ 生长习性：夏秋季生长在针叶树和阔叶树上。分布于纳雍县。

## 36 白干皮孔菌

▶ 拉丁学名：*Skeletocutis nivea* (Jungh.) Jean Keller
≡ *Polyporus niveus* Jungh.

▶ 形态特征：子实体一年生，平伏反卷至盖形，木栓质，平伏时外伸可达6cm，宽可达3cm，厚1 ～ 2mm。菌盖上表面乳白色、浅黄色或奶油黄色。菌管管口每毫米6 ～ 7个；菌管与管口表面同色，长可达1mm。菌孔孔口边缘薄，全缘，灰白色。菌肉乳白色。菌柄表面白色，直径9mm，纤维质，稍硬，无环带。担孢子细圆柱形至腊肠形，无色，壁薄，光滑，大小为（3.0 ～ 3.8）μm×（0.5 ～ 0.8）μm。

▶ 生长习性：夏秋季单生于林中的腐木上，腐生生活。分布于大方县。

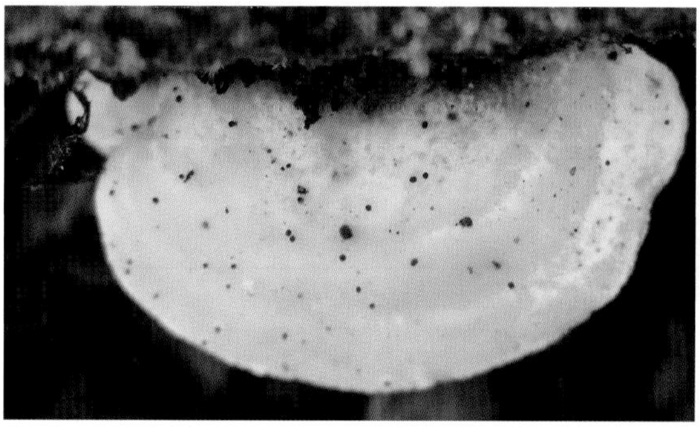

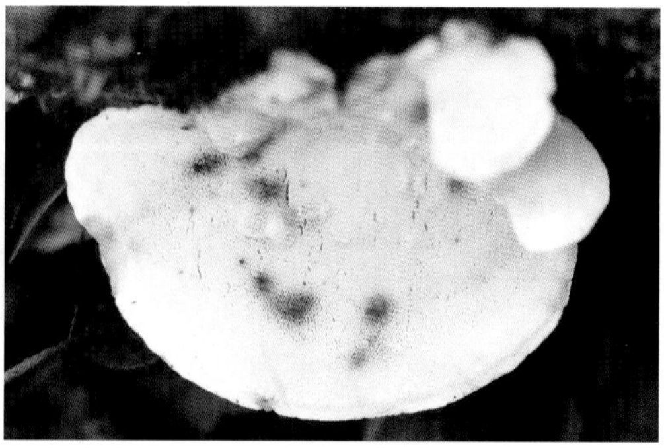

## 37 半盖干皮孔菌

▶ 拉丁学名：*Skeletocutis semipileata* (Peck) Miettinen & A. Korhonen
≡ *Polyporus semipileatus* Peck

▶ 形态特征：子实体一年生，平伏反卷或呈盖形，单生，新鲜时革质，干后木栓质，平伏时长可达3.5cm，宽可达2cm，中部厚可达1.5mm。菌盖上表面半圆形，平展，灰褐色至暗褐色，无环区，边缘灰白色。菌肉软木质。子实层白色，菌管管口每毫米4 ~ 5个，菌管与管口表面同色，长约1mm。菌肉白色，纤维质，稍硬，无环带，厚约1mm。担孢子（8 ~ 9）μm×（3 ~ 4）μm，细腊肠形，无色，壁薄，光滑。

▶ 生长习性：夏秋季生长在阔叶林中的腐木上，腐生生活。分布于大方县。

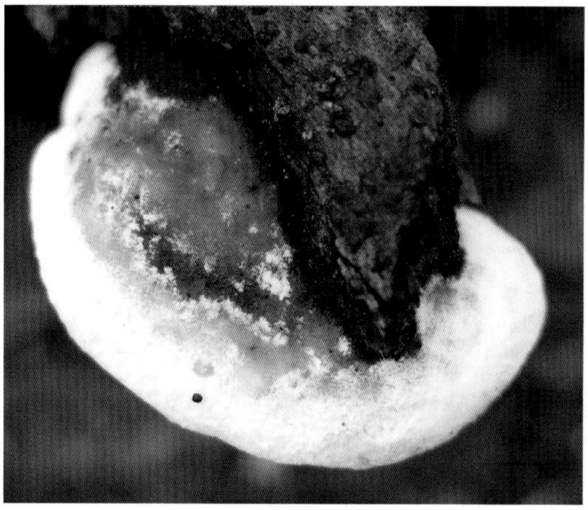

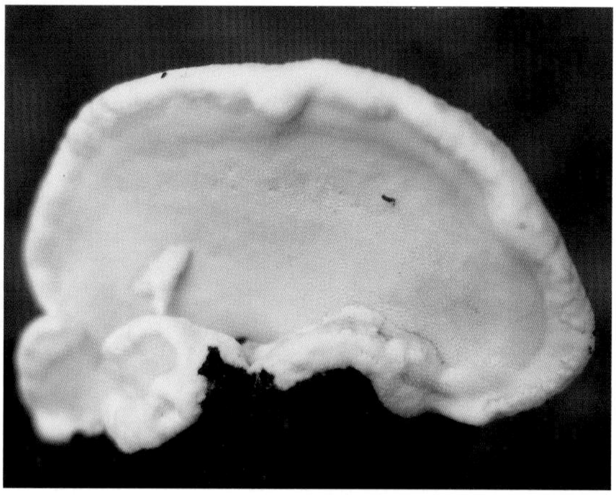

## 38 层叠韧革菌

▶ 拉丁学名：*Stereum complicatum* (Fr.) Fr.
≡ *Thelephora complicata* Fr.

▶ 形态特征：子实体一年生，覆瓦状，外伸可达约2cm，宽3～4cm，扇形、半圆形或不规则形，有贴伏的纤毛，具有同心环纹。菌盖颜色为黄褐色至橙棕色。子实层橙色，有小突起。担孢子（5.0～7.5）μm×（2.0～3.0）μm，圆柱形，表面光滑。

▶ 生长习性：夏秋季在硬木上密集生长，通常从树皮的缝隙中长出，横向融合在一起，导致心材腐烂变白。分布于大方县。

## 39 石栎韧革菌

▶ 拉丁学名：*Stereum lithocarpi* Y.C. Dai

▶ 形态特征：子实体一年生，平伏至平伏反卷。菌盖覆瓦状叠生，扇形、贝壳形或不规则形，灰棕色，外伸3.5～6.0cm，宽可达10cm，基部厚可达2mm，边缘锐，呈波状，有时开裂，干后内卷；上表面干后为浅黄粉色、浅黄色至土黄色，菌盖表面有明显的同心环纹。子实层体表面新鲜时浅黄色，触摸时不变色，光滑。菌肉白色，层间具一黑线区，厚达1mm。担孢子（5.1～6.7）μm×（3.0～4.0）μm，椭圆形，无色，壁薄，光滑，淀粉质，不嗜蓝。

▶ 生长习性：夏末和秋季生于阔叶林的腐木上。分布于大方县。

## 40 血痕韧革菌

▶ 拉丁学名：*Stereum sanguinolentum* (Alb. & Schwein.) Fr.
　　　　　　≡ *Thelephora sanguinolenta* Alb. & Schwein.

▶ 形态特征：子实体一年生，平伏至平伏反卷，覆瓦状叠生，革质。菌盖半圆形或扇形，外伸可达3cm，宽可达5cm，基部厚可达1mm，边缘锐，呈波状，干后内卷；表面初期乳黄色至污黄色，后期部分呈暗黑褐色至黑褐色，干后污黄色、浅黄褐色至黑褐色，被粗绒毛，具明显环区。子实层新鲜时乳白色至粉褐色，干后变为浅黄褐色，有时具不规则疣突或放射状条纹。菌肉新鲜时奶油色，厚可达1mm。担孢子（5.2～6.2）μm×（2.7～3.0）μm，椭圆形至圆柱形，无色，壁薄，光滑，淀粉质，不嗜蓝。

▶ 生长习性：夏末和秋季生于针叶林中的树上，导致木材腐朽。分布于大方县和织金县。

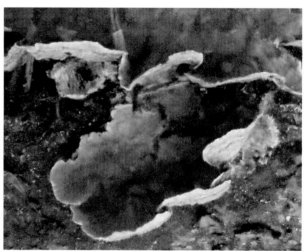

## 41 绒毛韧革菌

▶ 拉丁学名：*Stereum subtomentosum* Pouzar

▶ 形态特征：子实体一年生，覆瓦状叠生，革质。菌盖匙形、扇形、近圆形，外伸可达5～6cm，宽可达7～9cm，中部厚可达1mm，边缘锐，呈波状，干后内卷；上表面初为橘黄色，后为灰色至黑褐色，被绒毛，具明显同心环带，边缘颜色浅。子实层体黄色至浅褐色，有时具不规则疣突。菌肉浅黄褐色，厚可达1mm，绒毛层与菌肉层之间有一条深褐色环带。担孢子（5.3～7.0）μm×（2.0～3.0）μm，椭圆形至圆柱形，无色，壁薄，光滑，淀粉质，不嗜蓝。

▶ 生长习性：夏末和秋季生于阔叶林中的树上，导致木材腐朽变白。分布于赫章县和金沙县。

## 42 古巴栓孔菌

▶ 拉丁学名：*Trametes cubensis* (Mont.) Sacc.

≡ *Polyporus cubensis* Mont.

▶ 形态特征：子实体一年生，平伏至反卷，单生，覆瓦状，革质。菌盖半圆形或扇形，外伸可达 3～4cm，宽可达 7～8cm，中部厚可达 1.5cm；表面粗糙并且具孔，成熟后期颜色为灰色，部分为褐色。菌孔孔口表面灰褐色，覆有白点，每毫米 4～6个，多角形；不育边缘明显，薄，颜色为深褐色，全缘或略呈撕裂状。菌管长 1mm，灰褐色，菌管与孔口表面同色。菌肉乳白色至淡褐色，厚可达 1mm，长可达 5mm。担孢子（4.0～6.5）μm×（2.0～2.4）μm，圆柱形，无色，壁薄，光滑，非淀粉质，不嗜蓝。

▶ 生长习性：夏秋季生长在混交林中的腐木上。分布于织金县。

## 43 椭圆栓孔菌

▶ 拉丁学名：*Trametes ellipsospora* Ryvarden

▶ 形态特征：子实体一年生，平伏反卷至盖状，覆瓦状叠生，新鲜时革质，干后软木栓质。菌盖半圆形或扇形，外伸可达3cm，宽可达4cm，中部厚可达1.5cm；表面奶油色至红褐色，被粗毛，具不明显同心环带，边缘颜色较浅。菌孔孔口表面奶油色至灰褐色，圆形，每毫米4～6个；边缘薄，全缘至撕裂状；不育边缘明显，宽可达2mm。菌肉乳白色，厚可达1cm。菌管奶油色，长可达5mm。担孢子（3.2～4.6）μm×（2.6～3.2）μm，圆柱形，无色，壁薄，光滑，非淀粉质，不嗜蓝。

▶ 生长习性：夏秋季生于多种阔叶树上。分布于威宁彝族回族苗族自治县。

## 44 毛栓孔菌

▶ 拉丁学名：*Trametes hirsuta* (Wulfen) Lloyd
　　　　　 ≡ *Boletus hirsutus* Wulfen

▶ 形态特征：子实体一年生，覆瓦状叠生，革质。菌盖半圆形或扇形，外伸可达4cm，宽可达10cm，中部厚可达1.3cm，边缘锐；表面乳色至浅棕黄色，老熟部分常带青褐色，被硬毛和细微绒毛，具明显的同心环纹和环沟，边缘黄褐色。菌孔孔口表面乳白色至灰褐色，多角形，每毫米3～4个；边缘薄，全缘；不育边缘不明显，宽可达1mm。菌肉乳白色，厚可达5mm。菌管奶油色或浅乳黄色，长可达8mm。担孢子（4.2～5.7）μm×（1.8～2.2）μm，圆柱形，无色，壁薄，光滑，非淀粉质，不嗜蓝。

▶ 生长习性：春季至秋季生于多种阔叶树的倒木上，导致木材腐朽变白。可药用。分布于织金县和纳雍县。

## 45 血红栓菌

▶ 拉丁学名：*Earliella scabrosa* (Pers.) Gilb. & Ryvarden
　　　　　 ≡ *Trametes sanguinea* (Klotzsch) Pat.
　　　　　 ≡ *Daedalea sanguinea* Klotzsch

▶ 形态特征：子实体一年生。菌盖半圆形、扇形至肾形，外伸可达5cm，宽可达8cm，基部厚可达1.5cm，边缘锐且上翘，有时开裂；表面新鲜时呈橘黄色至黄褐色，较光滑。菌孔孔口表面新鲜时浅黄色至橘黄色，多角形，每毫米5～6个；边缘薄，全缘或略呈撕裂状；不育边缘明显。菌肉橘红色，厚可达1.3cm。菌管小，不规则形，管面及管里均为橘红色，不易分离。担孢子（3.6～4.4）μm×（1.7～2.0）μm，圆柱形，无色，表面光滑，壁稍薄，非淀粉质，不嗜蓝。

▶ 生长习性：夏秋季单生于混交林中的腐木上，腐生生活。分布于威宁彝族回族苗族自治县。

## 46 硬毛粗盖孔菌

▶ 拉丁学名：*Trametes trogii* Berk.

≡ *Coriolopsis trogii* (Berk.) Domański

▶ 形态特征：子实体一年生，无柄，覆瓦状叠生，新鲜时革质或软木栓质，干后硬木栓质。菌盖圆形、半圆形、椭圆形、扇形或贝壳形，外伸可达4～6cm，宽可达6.0～7.5cm；表面黄褐色，被密集硬毛，近基部硬毛较长，色深，近黑棕色，边缘毛短、色浅，淡黄色，有突起或小疣。菌肉浅黄色，伤不变色，有轮纹，木栓质，厚3～7mm。菌管表面初为白色、乳白色，后变为黄褐色、暗黄褐色，长度为0.5～2.5cm，木栓质；管口边缘厚，全缘或略呈锯齿状。菌孔孔口近圆形，每毫米1～4个；不育边缘较窄，宽0.1～0.2mm。担孢子圆柱形，无色透明，光滑，大小为（8～12）μm×（3～4）μm。

▶ 生长习性：春夏季生于阔叶林中的枯木上。分布于织金县。

## 47 云芝栓孔菌

▶ 拉丁学名：*Trametes versicolor* (L.) Lloyd

▶ 形态特征：子实体一年生，覆瓦状叠生，革质。菌盖半圆形，外伸可达8cm，宽可达
10cm，中部厚达5mm，边缘锐；表面颜色变化多样，淡黄色至蓝灰色，
被细密绒毛，具同心环带。菌孔孔口表面奶油色至烟灰色，多角形至近圆
形，每毫米3～5个；边缘薄，呈撕裂状；不育边缘明显，宽可达2mm。
菌肉乳白色，厚可达2mm。菌管烟灰色至灰褐色，长可达3mm。担孢子
(4.1～6.0)μm×(1.8～2.2)μm，圆柱形，无色，壁薄，光滑，非淀粉质，
不嗜蓝。

▶ 生长习性：春季至秋季生于多种阔叶树的倒木和树桩上，导致木材腐朽变白。可药用。
分布于大方县和威宁彝族回族苗族自治县。

## 48 冷杉附毛孔菌

▶ 拉丁学名：*Trichaptum abietinum* (Pers. ex J. F. Gmel.) Ryvarden
≡ *Boletus abietinus* Pers. ex J.F. Gmel.

▶ 形态特征：子实体一年生，平伏至反卷呈盖状，覆瓦状叠生，革质。菌盖半圆形至扇
形，长4cm，中部厚度为9mm，干后内卷。菌孔孔口表面灰紫色至赭色，
呈多角形，每毫米4～6个；孔口边缘初期厚，后渐变薄，呈撕裂状。菌
肉双层，上层软毛质，下层硬纤维状，厚可达3mm。菌管与菌肉同色，干
后木栓质，长可达1.5mm。担孢子（6.0～7.3）μm×（2.2～3.0）μm，
圆柱形，略弯曲，无色，壁薄，光滑，非淀粉质，不嗜蓝。

▶ 生长习性：春季至秋季生于混交林的死树、倒木和树桩上，导致木材腐朽变白。可药
用。分布于纳雍县、织金县和金沙县。

## 49 褐紫附毛孔菌

▶ 拉丁学名：*Trichaptum fuscoviolaceum* (Ehrenb.) Ryvarden

　　　　　≡ *Sistotrema fuscoviolaceum* Ehrenb.

▶ 形态特征：子实体一年生，平伏至反卷，覆瓦状叠生，新鲜时革质，干后脆革质。菌盖薄，半圆形，外伸可达2cm，宽可达5cm，厚可达4mm，边缘锐，干后内卷，上表面灰白色至紫褐色，被细微绒毛，具同心环带，边缘白色至淡紫色。子实层体灰白色至紫褐色。菌孔孔口呈不规则形至齿状，每毫米2～4个；不育边缘几乎无。菌肉较薄，厚可达1mm，异质，上层浅灰色，菌丝疏松，下层与子实层体同色，菌丝致密。菌齿与孔口表面同色，长可达3mm。担孢子（5.7～7.2）μm×（2.3～2.8）μm，圆柱形，稍弯曲，无色，壁薄，光滑，非淀粉质，不嗜蓝。

▶ 生长习性：春季至秋季生于针叶树死树、倒木和树桩上，导致木材腐朽变白。可药用。分布于纳雍县和赫章县。

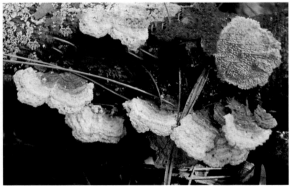

## 50 薄皮干酪菌

▶ 拉丁学名：*Tyromyces chioneus* (Fr.) P. Karst.
　　　　　≡ *Polyporus chioneus* Fr.

▶ 形态特征：子实体单生或2～3个丛生，无柄状结构，侧生于腐木上，韧革质。菌盖扇形或肾形，表面光滑较平展，外伸可达2～8cm，宽可达4～17cm，表面新鲜时黄色至黄褐色，密布细绒毛，随着成熟，变得光滑和坚硬。菌孔孔口表面新鲜时浅白色至浅黄色，干后浅黄褐色至肉桂黄色，多角形，每毫米4～5个；边缘薄，全缘，孔多聚集于菌体中间，边缘少量分布，变色不明显。菌肉新鲜时白色，柔软且湿润，干后韧革质，厚可达1.5cm。菌管与孔口表面同色，长可达3mm。担孢子（3.6～4.4）μm×（1.3～1.8）μm，圆柱形至腊肠形，无色，壁薄，淀粉质，不嗜蓝。

▶ 生长习性：夏末和秋季生于阔叶林中，腐生生活。分布于纳雍县。

## 51 毛蹄干酪菌

▶ 拉丁学名：*Tyromyces galactinus* (Berk.) Bondartsev
　　　　　≡ *Polyporus galactinus* Berk.

▶ 形态特征：子实体一年生，覆瓦状叠生，新鲜时软而多汁，干后质脆。菌盖半圆形至扇形，外伸可达8cm，宽可达10cm，中部厚可达4mm，边缘薄、锐，干后内卷；上表面初期白色至浅灰色，后期黄色至赭色，被绒毛。菌孔孔口表面白色至淡黄色，多角形，每毫米5～7个；边缘薄，全缘或略呈撕裂状。菌肉双层，白色。菌管白色至奶油色，长可达3mm。担孢子（2.5～2.9）μm×（2.0～2.4）μm，近球形，无色，壁薄，光滑，非淀粉质，不嗜蓝。

▶ 生长习性：夏秋季散生于混交林中的腐木上。分布于纳雍县和赫章县。

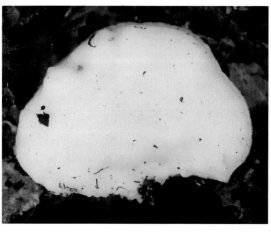 

## 52 轻产丝齿菌

▶ 拉丁学名：*Xylodon nongravis* (Lloyd) C.C. Chen & Sheng H. Wu，in Chen，Wu & Chen
　　　　　≡ *Polyporus nongravis* Lloyd

▶ 形态特征：子实体一年生，白色，平伏，不易与基物剥离，长可达4～5cm，外伸可达3～4cm，厚可达1cm。菌孔孔口表面新鲜时奶油色至浅黄褐色，不规则形；边缘薄。担孢子（4.4～5.0）μm×（3.5～4.0）μm，近球形、椭圆形，无色，壁稍厚，淀粉质。

▶ 生长习性：夏季生于阔叶树的落枝、倒木上。分布于纳雍县。

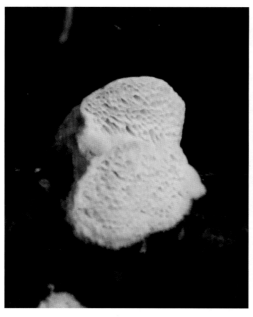 

# 第六章 鸡油菌

## 1 小鸡油菌

▶ 拉丁学名：*Cantharellus minor* Peck
▶ 形态特征：子实体小，肉质。菌盖直径1～3cm，中部初扁平，后下凹，边缘呈不规则波状，内卷；杏黄色或橙黄色，光滑。菌肉薄，质脆，淡黄色，具淡香味。菌褶较稀疏，窄，延生，棱脊状，淡黄色或橙黄色。菌柄橙黄色，上粗下细，长1～2cm，直径2～6mm，圆柱形，表面不黏，初为实心，后内部松软。担孢子无色，光滑，椭圆形至卵圆形，大小为（6.0～10.0）μm×（4.5～6.0）μm，淡黄色至淡赭色，具小尖。
▶ 生长习性：夏季群生于针阔混交林地面。分布于毕节市。

## 2 杏茸鸡油菌

▶ 拉丁学名：*Cantharellus anzutake* W.Ogawa,N.Endo,M.Fukuda &A.Yamada
▶ 形态特征：子实体高5～7cm。菌盖直径5cm，初期近球形至半球形，成熟后近平展，中部内陷，呈漏斗形或喇叭形；干时蛋黄色或淡黄色，湿润时为亮黄色，光滑。菌肉近柄处厚1.0～1.5cm，淡黄色。菌褶延生，黄色，较稀疏，棱褶状，不等长，分叉或相互交织。菌柄长2.5cm，直径5mm，圆柱形，成熟后中实，灰黄色，在基部有少量假根。担孢子（5.8～9.2）μm×（4.0～6.3）μm，椭圆形至卵圆形，光滑，淡黄色。
▶ 生长习性：夏秋季单生于阔叶林和针叶林地面。分布于赫章县。

# 第七章　伞　菌　类

## ① 白蘑菇

▶ 拉丁学名: *Agaricus comtulus* Fr.

▶ 形态特征: 菌盖直径4cm，中间厚度为5mm，近半球形，边缘常内卷；黄白色至浅棕色，中央颜色加深呈红棕色，表面干，被平伏纤毛。菌肉厚达1mm，白色，伤变浅黄色，具杏仁香味。菌褶宽达4mm，初为粉色，后为棕黑色，直生，密，不等长。菌环上位，单层，白色，膜质，易脱落。菌柄长7cm，直径1cm，黄白色，中生，棒状，向下渐大，内部中空。缘囊体众多，洋梨形或球形，大小为（8 ~ 11）μm×（9 ~ 14）μm。担孢子椭圆形，深棕色，光滑，大小为（4.5 ~ 6.0）μm×（3.2 ~ 4.0）μm。

▶ 生长习性: 秋季单生于混交林湿润地面，腐生生活。分布于赫章县。

## ② 细卷毛蘑菇

▶ 拉丁学名: *Agaricus flocculosipes* R.L. Zhao，Desjardin，Guinb. & K.D. Hyde

▶ 形态特征: 菌盖直径9 ~ 18cm，半球形至平凸形，然后平展；表面干燥，光滑或被浅棕色至棕色纤维状鳞片，在潮湿的条件下，菌盖通常为粉红色至红色。菌肉白色，肉质、厚8mm。菌褶离生，密，宽8mm，初为白色至粉红色，后变深棕色。菌柄长14cm，近菌盖直径1.5cm，近基部直径2.5cm，长圆柱形，基部明显球状膨大，菌柄白色，近表层部分稍带赭色，表面干燥，被有锥状丛毛或直立的鳞片。菌环膜质，较大，单菌环，下垂，上表面光滑，下表面有白色絮状鳞片或疣突，带有苦杏仁味，伤后颜色变化不明显。担孢子（5.2 ~ 6.8）μm×（3.1 ~ 3.8）μm，椭圆形。

▶ 生长习性：夏秋季单生、散生或群生在肥沃的土壤或森林地面，分布于毕节市。

## ③ 贵州蘑菇

▶ 拉丁学名：*Agaricus guizhouensis* Y. Gui，Zuo Y. Liu & K.D. Hyde

▶ 形态特征：子实体中等至较大。菌盖直径4.8 ~ 9.5cm，中间厚度为6 ~ 10mm，初期半球形，后期近扁平；幼嫩时覆有棕黄色的角状或块状鳞片，呈淡黄色至灰白色。菌肉厚达1mm，白色，具苦杏仁气味，伤后菌肉变黄色。菌褶宽4 ~ 6mm，离生，密，不等长，白色至棕色。菌柄长9.0 ~ 15.1cm，直径1.0 ~ 1.6cm，中生，近圆柱形，向上渐细，基部稍膨大，宽1.7 ~ 2.1cm。菌环生于菌柄上部，宽0.9 ~ 1.2cm，白色，上表面较光滑，下表面覆有齿轮状或块状鳞片，边缘淡黄色。具褶缘囊体，光滑，大部分呈椭圆形或近球形。担孢子（6.0 ~ 7.0）μm×（3.4 ~ 4.0）μm，椭圆形，无芽孔，光滑，棕色。

▶ 生长习性：夏季单生于混交林湿润地面。分布于织金县。

### 4 白蘑菇（近似种）

▶ 拉丁学名：*Agaricus* cf. *huijsmanii* Courtec.

▶ 形态特征：菌盖直径3cm，初期近球形至半球形，成熟后近平展；菌盖棕色，具有
　　　　　　橙红色长绒毛或丛毛状鳞片，盖缘有菌幕残片。菌肉近柄处厚 4mm，白
　　　　　　色或污白色，后呈淡褐色。菌褶离生，稍密，不等长，初期污白色至淡褐
　　　　　　色，成熟后颜色加深呈褐色。菌柄长6cm，直径7mm，圆柱形，向下渐
　　　　　　粗，成熟后空心，覆有与菌盖同色的长绒毛。菌环上位，不典型。担孢子
　　　　　　5.0μm×3.4μm，椭圆形至卵圆形，光滑，灰褐色。

▶ 生长习性：秋季生于林地。分布于纳雍县。

### 5 小白蘑菇

▶ 拉丁学名：*Agaricus pallens*（J.E.Lange）L.A.Parra
　　　　　　≡ *Psalliota rubella* f. *pallens* J.E. Lange

▶ 形态特征：菌盖直径2.0 ～ 3.5cm，初期近球形至半球形，成熟后近平展；菌盖白色
　　　　　　或浅棕色，具有棕色至白色的长绒毛。菌肉近柄处厚2 ～ 4mm，初为白

色或污白色，后呈淡褐色。菌褶离生，稍密，不等长，初期污白色至淡褐色，成熟后颜色加深呈褐色。菌柄长3～7cm，直径5～8mm，近圆柱形，基部略膨大，向上稍变细，成熟后空心，覆有与菌盖同色的长绒毛，柄基部有白色菌丝。菌环上位，膜质，单层，白色，易脱落。具褶缘囊体，光滑，形态多样，大部分呈椭圆形，不等长。担孢子（4.0～5.0）μm×（3.0～3.7）μm，近圆形，无芽孔，光滑，棕色。

▶ 生长习性：夏秋季生于林地。分布于织金县、纳雍县和大方县。

## ⑥ 假紫红蘑菇

▶ 拉丁学名：*Agaricus parasubrutilescens* Callalc&R.L.Zhao
▶ 形态特征：菌盖直径8～10cm，初期近球形至半球形，成熟后近平展，边缘稍内卷；菌盖褐色或深棕色，中部颜色较深为深褐色，边缘颜色逐渐变浅至浅褐色，具有深褐色至浅褐色的锥状鳞片或疣状鳞片。菌肉近柄处厚3～4mm，白色或污白色，后呈淡褐色。菌褶离生，稍密，不等长，初期污白色至淡红褐色，成熟后颜色加深呈褐色。菌柄长3～13cm，直径10mm，圆柱形，成熟后空心，靠近菌盖处为浅紫粉色，往下颜色逐渐变为白色。菌环上部淡紫色，环上部覆有白色的长绒毛，菌环上位，典型，膜质，单层。具褶缘囊体（11～19）μm×（7～16）μm，光滑，大部分近球形，部分呈梨形。担孢子（4～6）μm×（3～4）μm，椭圆形，无芽孔，光滑，棕色。

▶ 生长习性：秋季生于林地。分布于大方县。

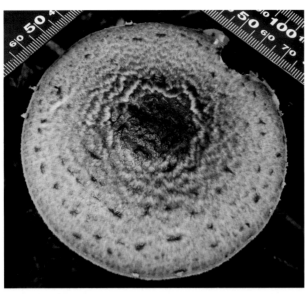

## 7 梨形蘑菇

▶ 拉丁学名：*Agaricus pyricystis* R.L. Zhao & B. Cao

▶ 形态特征：菌盖直径 2cm，浅半球形，成熟后近平展；浅棕色，表面具有浅棕色鳞片，中部深棕色。菌肉近柄处厚1mm，灰白色。菌褶离生，不等长，密度中，白色，后为棕褐色。菌环上位，裂开，典型，易脱落，上部光滑，下部覆有白色绒毛，灰褐色。菌柄长6.5cm，直径5mm，近圆柱形，中生，基部为假根，内部松软，伤不变颜色。担孢子（5.5 ～ 6.5）μm×（4.0 ～ 4.5）μm。

▶ 生长习性：生于阔叶林地面。分布于毕节市。

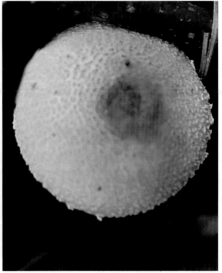

## 8 紫红蘑菇

▶ 拉丁学名：*Agaricus subrutilescens* (Kauffman) Hotson & D.E. Stuntz

≡ *Psalliota subrutilescens* Kauffman

▶ 形态特征：菌盖直径5～13cm，初期近球形至半球形，成熟后近平展；中间颜色较深，深褐色，其余淡棕色，具有褐色鳞片。菌肉近柄处厚5mm，白色或污白色。菌褶离生，稍密，不等长，初为白色，后变棕红色至棕褐色。菌柄长7～18cm，直径1～2cm，近圆柱形，向下渐粗。菌环上位，上半部分光滑，下半部分覆有淡棕色长绒毛，典型。担孢子（5.3～6.3）μm×（3.2～3.5）μm，光滑，椭圆形，褐色。

▶ 生长习性：夏季单生或群生于针叶林地面。分布于纳雍县。

## 9 小托柄鹅膏

▶ 拉丁学名：*Amanita farinosa* Schwein.

▶ 形态特征：菌盖直径4～6cm，平展，中部稍下陷；中部淡棕色，其余灰白色，边缘有条纹。菌肉乳白色。菌褶宽3～4mm，不等长，密，离生。菌柄长6～7cm，直径0.5～1.5cm，白色，近圆柱形，基部膨大呈近球形，肉质，表面有绒毛，内部中空。担孢子（6.5～8.0）μm×（5.5～7.0）μm，近球形至椭圆形，光滑，无色，非淀粉质。

▶ 生长习性：夏秋季生于林地。有毒。分布于金沙县。

## ⑩ 黄柄鹅膏

- ▶ 拉丁学名：*Amanita flavipes* S. Imai
- ▶ 形态特征：菌盖直径3.0～7.5cm，初期近球形至半球形，成熟后近平展；灰色或银灰色，幼嫩时有块状金黄色鳞片。菌肉近柄处厚6mm，白色或污白色。菌褶离生，稍密，不等长，白色。菌柄长7～10cm，直径0.5～1.0cm，白色，棒状，成熟后空心，覆有与菌盖同色的长绒毛。菌环上位，易脱落。担孢子（7.5～9.0）μm×（5.5～7.0）μm，椭圆形至卵圆形，光滑，无色。
- ▶ 生长习性：夏秋季单生于混交林地面。分布于织金县和纳雍县。

## 11 黄毒蝇鹅膏菌

▶ 拉丁学名：*Amanita flavoconia* G.F. Atk

▶ 形态特征：菌盖直径3～6cm，初期近球形至半球形，成熟后近平展，中部稍突起；中部淡棕色，外部银灰色至浅棕色，盖缘残留菌幕，表面覆细纤毛。菌肉较薄，白色。菌褶离生，稍密，不等长，白色。菌柄长5～10cm，直径0.8～1.0cm，棒条形，向下渐粗，成熟后空心，覆有长绒毛。菌环上位，不典型，为外菌幕残余物，与菌盖同质。担孢子（6～9）μm×（4～6）μm，白色，光滑，卵圆形。

▶ 生长习性：夏秋季群生于针阔混交林地面。分布于纳雍县。

## 12 格纹鹅膏

▶ 拉丁学名：*Amanita fritillaria* (Sacc.) Sacc.

▶ 形态特征：菌盖直径4～10cm，初期近球形至半球形，成熟后近平展；中心浅褐色，具有黑灰色或黑色块状鳞片，中外部银灰色，表面干，边缘有细皱纹。菌肉白色或污白色，后呈淡褐色。菌褶离生，稍密，不等长，灰白色。菌柄长5～10cm，直径0.6～1.5cm，棒状，向上渐细，基部膨大呈球茎状，成熟后空心，表面覆绒毛。菌环上位，不典型，易脱落。担孢子（7.0～9.0）μm×（5.5～7.0）μm，椭圆形至卵圆形，光滑，无色，淀粉质。

▶ 生长习性：夏秋季散生或群生于针叶林、阔叶林地面。有微毒。分布于纳雍县。

## 13 白柄黄盖鹅膏

▶ 拉丁学名：*Amanita gemmata* (Fr.) Bertill.

≡ *Agaricus gemmatus* Fr.

▶ 形态特征：菌盖直径2.5cm，初期近球形至半球形；中部蛋黄色，外部淡黄色，表面光滑，边缘有条纹。菌肉近柄处厚3mm，白色或污白色，后呈淡褐色。菌褶离生，稍密，不等长，污白色。菌柄长4cm，直径6mm，附有块状鳞片，近圆柱形，成熟后空心。菌环上部为淡黄色，菌环下部逐渐变浅至浅白色，菌环上位，易脱落。担孢子（8.0 ~ 13.0）μm×（6.5 ~ 9.0）μm，椭圆形至卵圆形，光滑，无色，非淀粉质。

▶ 生长习性：夏季生于林地。分布于威宁彝族回族苗族自治县。

## 14 灰褶鹅膏

▶ 拉丁学名：*Amanita griseofolia* Zhu L. Yang

▶ 形态特征：菌盖直径4cm，初期钟形至半球形，成熟后近平展；中部棕褐色，中外部淡棕色，边缘下弯且具条纹。菌肉白色。菌褶离生，稍密，不等长，初期为白色至淡灰色。菌柄长13cm，直径1cm，圆柱形，向上渐细，成熟后空心，基部稍大，有灰色点状鳞片。菌环无。菌托灰色至深灰色，粉质。担孢子（10.0 ～ 13.5）μm×（9.5 ～ 13.0）μm，球形至近球形，光滑，无色，非淀粉质。

▶ 生长习性：生于松科及壳斗科混交林地面。可食用。分布于纳雍县。

## 15 小豹斑鹅膏

▶ 拉丁学名：*Amanita parvipantherina* Zhu L.Yang,M.Weiss & Oberw

▶ 形态特征：菌盖直径3.3cm，初期近球形至半球形，成熟后近平展，中间略微向下凹；中心深棕色，边缘淡棕色且具条纹，表面具白色鳞片。菌肉近柄处厚3mm，初为白色或污白色，后呈淡褐色。菌褶离生，稍密，不等长，初期污白色。菌柄长5cm，直径4mm，圆柱形，成熟后空心，覆有白色长绒毛。菌环上位，典型，上表面光滑，淡棕色。担孢子（8.5 ～ 11.5）μm×（7.0 ～ 8.5）μm，椭圆形，光滑，无色，非淀粉质。

▶ 生长习性：夏季生于林地。分布于威宁彝族回族苗族自治县。

## 16 赭盖鹅膏

▶ 拉丁学名：*Amanita rubescens* Pers.

▶ 形态特征：菌盖直径4cm，初期近球形至半球形；中心橙红色，表面有橙红色绒毛，边缘淡红色，有条纹，表面具有块状灰白色鳞片。菌肉近柄处厚3mm，白色或污白色，后呈淡褐色。菌褶离生，稍密，不等长，初期污白色。菌柄长5cm，直径4mm，白色，圆柱形，基部略微膨大，成熟后空心，覆有与菌盖同色的长绒毛。菌环上位，不典型，白色。担孢子（7.0～8.8）μm×（5.5～7.0）μm，椭圆形至近卵圆形，淀粉质，光滑，无色。

▶ 生长习性：夏秋季单生或散生于针叶林和针阔混交林地面。分布于纳雍县。

## 17 红托鹅膏

▶ 拉丁学名：*Amanita rubrovolvata* S.lmai

▶ 形态特征：菌盖直径1.5cm，幼时球形，红色，成熟时菌盖平展，圆形，中部着色深，边缘颜色浅。菌肉近柄处厚4mm，白色或污白色。菌褶离生，稍密，不等长，初期污白色。菌柄中生，长3cm，直径5mm，圆柱形，浅黄色，基部膨大呈近球形，表面覆粉红色绒毛。担孢子（7.5～9.0）μm×（7.0～8.5）μm，球形至近球形，光滑，无色，非淀粉质。

▶ 生长习性：夏季生于混交林地面。分布于金沙县。

## 18 暗盖淡鳞鹅膏

▶ 拉丁学名：*Amanita sepiacea* S. Imai

▶ 形态特征：菌盖直径2 ～ 4cm，扁半球形至平展，中央有时稍凹陷；菌盖边缘浅灰色至灰色，中央颜色较深，呈灰色、褐色至深褐色，菌盖表面具有灰色鳞片，中部有白色鳞片。菌肉白色，受伤后不变色。菌褶离生，稍密，不等长，白色至污白色。菌柄长4 ～ 9cm，直径0.8 ～ 2.0cm，圆柱形，灰棕色，菌柄上被有浅褐色纤毛，基部膨大呈近球形至梭形。菌环上位，白色。担孢子（7.0 ～ 10.0）μm×（5.5 ～ 7.4）μm，椭圆形，少数近球形，淀粉质，无色，壁薄，光滑。

▶ 生长习性：夏季生于混交林地面。分布于纳雍县。

## 19 角鳞灰鹅膏

▶ 拉丁学名：*Amanita spissacea* S. Imai

▶ 形态特征：菌盖直径 3 ~ 11cm，中间厚度为 2.1cm，菌盖近圆形，后平展，中部稍凹陷；中部深棕色，边缘浅棕色并开裂，表面有黑色鳞片。菌肉白色。菌褶宽 2mm，白色，直生，密度中，不等长。菌环中位，白色。菌柄长 4 ~ 12cm，直径 1.2cm，灰棕色，中生，棒状，向下渐粗，内部松软，表面有灰色纤毛，基部球茎状，直径 1.8cm。担孢子（7.5 ~ 9.0）μm ×（5.6 ~ 7.5）μm，椭圆形，平滑，无色，拟糊精质。

▶ 生长习性：夏季单生于针叶林湿润地面。分布于威宁彝族回族苗族自治县。

## 20 亚小豹斑鹅膏

▶ 拉丁学名：*Amanita subparvipantherina* Zhu L. Yang，Q. Cai & Y.Y. Cui

▶ 形态特征：菌盖直径 5.9cm，平展，中部稍下陷；中部棕褐色，外部淡棕色，边缘有条纹并呈撕裂状。菌肉厚达 7mm，白色。菌褶宽达 2mm，白色，离生，密度中，不等长。菌环上位，白色。菌柄长 6.7cm，直径 1.7cm，白色，中生，圆柱形，向下渐粗。担孢子（8.5 ~ 11.5）μm ×（6.5 ~ 8.5）μm，椭圆形，光滑，无色，非淀粉质。

▶ 生长习性：秋季单生于针叶林以及阴坡和路边，腐生生活，喜湿润的生长环境。分布于金沙县。

## 21 灰鹅膏（近似种）

▶ 拉丁学名：*Amanita* cf. *vaginata* (Bull.) Lam.

▶ 形态特征：菌盖直径1.4 ~ 4.9cm，半圆形，中部稍内陷，但中心微向上突起；中心深棕色，其他浅棕色，边缘有条纹。菌肉厚达0.5 ~ 1.0mm，白色。菌褶宽1 ~ 4mm，白色，离生，密度中，不等长。菌柄长3.0 ~ 11.2cm，直径2 ~ 8mm，中生，棒状，表面覆有绒毛，基部膨大，有白色鳞片。担孢子(9.5 ~ 11.0) μm × (9.0 ~ 10.5) μm，球形至近球形，光滑，无色，非淀粉质。

▶ 生长习性：夏秋季单生于针叶林地面，腐生生活，喜湿润的生长环境。分布于大方县和赫章县。

## 22 蜜环菌（榛蘑、小蜜环菌蜜环蕈、栎蘑）

▶ 拉丁学名：*Armillaria mellea* (Yahl) P.Kumm.
　　　　　≡ *Agaricus melleus* Vahl

▶ 形态特征：菌盖直径3 ~ 7cm，扁半球形至平展，表面光滑；蜜黄色至黄褐色。菌肉近白色至淡黄色，伤不变色，厚6mm。菌柄中生，圆柱形，灰褐色，长7cm，直径1cm，表面覆有灰褐色纤毛，内部空心。菌褶直生至短延生，近白色至淡黄色或带褐色。担孢子（8.0 ~ 9.0）μm×（5.2 ~ 6.0）μm，椭圆形，壁薄至厚，光滑，无色，非淀粉质。

▶ 生长习性：夏秋季生长于树木、地面或腐木上，腐生生活，喜湿润的生长环境。分布于金沙县和纳雍县。

## 23 粉黄小菇

▶ 拉丁学名：*Atheniella adonis* (Bull.) Redhead
　　　　　≡ *Mycena floridula* (Fr.) Quél.
　　　　　≡ *Agaricus floridulus* Fr.

▶ 形态特征：菌盖直径1.5cm，初为钟形，后平展；光滑，有半透明的条纹，似水渍状的斑点，中部红色，边缘淡粉红色。菌肉粉红色，薄。菌褶宽1mm，粉红色，密度中，弯生和直生，不等长。菌柄长2.5cm，直径1mm，红棕色，中生，棒状，内部中空。担孢子（6.0 ~ 8.4）μm×（3.7 ~ 4.3）μm，椭圆形至圆柱形，无色，光滑，壁薄，内含油滴，非淀粉质。

▶ 生长习性：夏秋季单生在混交林地面，腐生生活，喜湿润的生长环境。分布于赫章县。

## 24 黄白脆柄菇

▶ 拉丁学名：*Candolleomyces candolleanus* (Fr.) D. Wächt. & A. Melzer
　　　　≡ *Agaricus candolleanus* Fr.

▶ 形态特征：菌盖直径2.7cm，中间厚度为5mm，初期半球形，后平展；初为黄棕色，后期灰色，边缘灰白色，具细条纹。菌肉厚达2mm，灰白色。菌褶宽达3mm，灰褐色，直生，密度中，不等长。菌环中位，白色，易脱落。菌柄长3.2cm，直径4mm，灰白色，中生，圆柱形，内部松软，表面覆绒毛。孢子印暗紫褐色。担孢子光滑，椭圆形，有芽孔，大小为（6.5 ~ 9.0）μm×（3.5 ~ 5.0）μm。

▶ 生长习性：单生于杂木林湿润地面。分布于织金县。

## 25 淡粉色钉菇

▶ 拉丁学名：*Chroogomphus roseolus* Yan C. Li & Zhu L. Yang
▶ 形态特征：菌盖直径4cm，中间厚度为2mm，半球形；黄褐色，表面干，有角形淡黄色鳞片。菌肉厚达1mm，灰色。菌褶宽达6mm，灰色，直生或稍弯生，密度中，不等长。菌柄长4.5cm，直径8mm，黄褐色，中生，棒状，纤维质，内部中空。担孢子（15.0 ～ 19.5）μm×（6.5 ～ 8.8）μm，椭圆形，壁薄。
▶ 生长习性：夏秋季单生于针叶林湿润地面，腐生生活。分布于威宁彝族回族苗族自治县。

## 26 小杯伞

▶ 拉丁学名：*Clitocybe minutella* Har. Takah.
▶ 形态特征：菌盖直径0.6 ～ 1.5cm，平展，中部稍内陷，边缘内卷；白色至灰黄色。菌肉厚度1mm左右，白色。菌褶宽达1mm，白色，延生，密度中，不等长。菌柄长1.0 ～ 2.3cm，直径1.5 ～ 3.5mm，白色或黄褐色，中生，近圆柱形，基部稍粗，内部松软或中空，基部附着白色菌丝。担孢子（6.0 ～ 7.5）μm×（3.5 ～ 4.0）μm，椭圆形，淀粉质。
▶ 生长习性：夏秋季单生于针叶林地面，腐生生活。分布于大方县和赫章县。

## 27 小褐囊泡杯伞

▶ **拉丁学名：** *Clitocybe phaeophthalma* (Pers.) Kuyper

≡ *Singerocybe phaeophthalma* (Pers.) Harmaja

≡ *Agaricus phaeophthalmus* Pers.

▶ **形态特征：** 菌盖直径6cm，中间厚度为8mm，初为半圆形，后平展，中间凹陷，呈浅漏斗形；有的边缘呈撕裂状且具条纹，浅黄色。菌肉厚达3mm，白色或乳白色。菌褶宽达5mm，白色或乳白色，延生，密度中，不等长。菌柄长4cm，直径1cm，浅黄色，中生，圆柱形或棒状，纤维质，内部中空，表面覆有少量纤毛，光滑。担孢子（5.0～6.5）μm×（3.5～4.5）μm，椭圆形，光滑，淡青棕色。

▶ **生长习性：** 单生于针叶林地面，喜湿润的生长环境，腐生生活。分布于大方县。

## 28 落叶杯伞（白杯伞）

▶ 拉丁学名：*Clitocybe phyllophila*（Pers.）P. Kumm.
　　　　　≡ *Agaricus phyllophilus* Pers.
▶ 形态特征：菌盖直径4～10cm，初期半球形，后期平展，有些中部下陷，呈漏斗形；灰白色，表面龟裂，边缘光滑。菌肉白色，伤不变色。菌褶延生，稍密，黄白色，不等长，褶缘近平滑。菌柄长5～11cm，直径0.5～1.4cm，圆柱形，中生，微弯曲，黄白色，表面具灰白色纤细绒毛，空心。担孢子（4.5～7.0）μm×（2.8～4.0）μm，椭圆形，光滑，无色。
▶ 生长习性：群生于阔叶林地面。有毒。分布于纳雍县。

## 29 多色杯伞

▶ 拉丁学名：*Clitocybe subditopoda* Peck
▶ 形态特征：菌盖直径5.7cm，中间厚度为5mm，初期半球形，后期平展，边缘下弯，边缘有撕裂；灰白色，中部棕色，光滑。菌肉厚达1mm，白色。菌褶宽达3mm，白色至淡粉色，延生，密度中，不等长。菌柄长4.5cm，直径4mm，白色、淡粉色或淡棕色，中生，棒状，基部膨大，内部中空，表面有纤毛。担孢子（4.0～5.0）μm×（2.3～3.1）μm，椭圆形，光滑，无色，非淀粉质。
▶ 生长习性：单生于针叶林地面，腐生生活。分布于赫章县。

## 30 双型裸脚伞

▶ 拉丁学名：*Collybiopsis biformis* (Peck) R.H. Petersen
　　　　　≡ *Gymnopus biformis* (Peck) Halling

▶ 形态特征：子实体单生，菌盖直径1.5～2.0cm，宽顶斗笠形，顶稍下陷；中心和边缘棕黄色，其余深紫蓝色，表面覆白色纤毛。菌肉灰白色，薄。菌褶宽达3mm，乳白色，离生，稍密，不等长。菌柄中生，棕褐色，长4cm，直径1mm，纤细，长圆柱形，基部覆有灰白色软毛，中空。担孢子（6.0～8.0）μm×（3.0～4.5）μm，椭圆形至卵圆形，光滑，无色。

▶ 生长习性：夏秋季散生、丛生于针阔混交林地面，腐生生活。分布于威宁彝族回族苗族自治县、纳雍县和赫章县。

## 31 双色裸柄伞（近似种）

▶ 拉丁学名：*Collybiopsis* cf. *dichrous* (Berk. & M.A. Curtis) R.H. Petersen

▶ 形态特征：菌盖直径1.3 ~ 1.5cm，中间厚度为3mm，斗笠形，平展或中心稍下凹；灰白色，中心淡棕色，边缘有条纹。菌肉厚达1mm，灰白色，薄。菌褶宽达2mm，白色，直生，密度低，不等长。菌柄长2.3cm，直径1.5mm，棕黄色，中生，棒状，表面覆有淡黄色绒毛。担孢子（10.0 ~ 12.0）μm×（3.0 ~ 4.5）μm，椭圆形，光滑，无色，非淀粉质。

▶ 生长习性：夏秋季单生于针叶林的腐木上，腐生生活，喜湿润的生长环境。分布于大方县。

## 32 梅内胡裸脚伞

▶ 拉丁学名：*Collybiopsis menehune* (Desjardin，Halling & Hemmes) R.H. Petersen
≡ *Gymnopus menehune* Desjardin Halling & Hemmes

▶ 形态特征：菌盖直径1.0 ~ 1.6cm，中间厚度为3mm，平展，撕裂状；中部棕黄色，边缘灰黄色、黄褐色，边缘有条纹。菌肉厚达1mm，灰白色。菌褶宽达2mm，灰白色，直生，密度中，不等长。菌柄长2.8cm，直径2mm，深棕褐色，中生，圆柱形，基部有白色菌丝，表面覆细纤毛。担孢子（6.5 ~ 7.8）μm×（3.5 ~ 4.8）μm，近椭圆形至梨核形，光滑，无色，非淀粉质。

▶ 生长习性：夏秋季丛生于富含腐殖质的阔叶林地面。分布于织金县。

## 33 近裸裸脚伞（近似种）

▶ 拉丁学名：*Collybiopsis* cf. *subnudus* (Ellis ex Peck) Halling

▶ 形态特征：菌盖直径5.1cm，中间厚度为7mm，平展，边缘卷，中部稍内凹；棕紫色，有棕紫色纤毛，水渍状。菌肉厚达2mm，淡黄色。菌褶宽达5mm，黄色，弯生，密度低，不等长。菌柄长7.6cm，直径3mm，中生，棒状，上部棕紫色，下部灰棕色，表面覆细纤毛。担孢子（6.7～9.4）μm×（2.3～3.8）μm，椭圆形，光滑，壁薄。

▶ 生长习性：夏秋季单生于混交林地面，腐生生活，喜湿润的生长环境。分布于大方县和纳雍县。

## 34 毛柄裸脚伞

▶ 拉丁学名：*Collybiopsis villosipes* (Cleland) R.H. Petersen

≡ *Gymnopus villosipes* (Cleland) Desjardin Halling & B.A. Perry

≡ *Marasmius villosipes* Cleland

▶ 形态特征：菌盖直径3.2cm，平展，中心有棕色突起；中部粉红色，边缘灰白色。菌肉厚达1mm，白色。菌褶宽达3mm，白色，离生，密度中。菌柄长7.1cm，直径1mm，中生，上部为红褐色，下部为暗褐色，基部具白色绒毛。担孢子（4.9～6.7）μm×（2.2～3.8）μm，椭圆形，光滑，壁薄。

▶ 生长习性：夏秋季散生于针叶林地面。分布于威宁彝族回族苗族自治县和纳雍县。

## 35 灰环锥盖伞

▶ 拉丁学名：*Conocybe fuscimarginata* (Murrill) Singer

▶ 形态特征：菌盖直径1.2～1.5cm，初期半球形至扁半球形，后为斗笠形至凸镜形；表面光滑或稍有皱纹，有时湿黏，水渍状不明显，初期淡灰褐色、土褐色、深紫褐色，有时中部灰褐色，后期颜色变浅，干后淡土黄色至淡灰黄褐色，菌盖边缘白色。菌褶直生，近弯生，不等长，密，宽3～5mm，初期淡土黄色，后期黄褐色至褐色。菌肉较薄，易碎，污白色或灰白色，无明显气味。菌柄长4.5～7.5cm，直径2～5mm，近圆柱形，中空，表面白色粉霜条纹状排列，初期污白色，后灰土黄色至淡灰褐，有时老后下部色深，呈淡褐色或黄褐色。担孢子（9.5～13.4）μm×（5.4～7.8）μm，圆形至圆柱形，黄褐色至赭褐色，壁厚，光滑。

▶ 生长习性：夏秋季生长在混交林地面，喜干燥的生长环境，腐生生活。分布于威宁彝族回族苗族自治县。

**36 近柱囊微鳞伞**

▶ 拉丁学名：*Conocybe utricystidiata* (Enderle & H.-J. Hübner) Somhorst

       ≡ *Pholiotina utricystidiata* Enderle & H. J. Hübner

▶ 形态特征：菌盖直径2.5cm，初期扁半球形，后平展至中部稍下凹；红褐色，密布细皱纹。菌肉1mm，白色或污白色，后呈淡褐色。菌褶宽达3mm，弯生，稍密，长，初期污白色至淡褐色，成熟后颜色加深呈褐色。菌柄长8cm，直径5mm，圆柱形，成熟后空心，覆有灰棕色绒毛。菌环膜质，上位，上表面较光滑，下表面有块状鳞片，淡黄色。担孢子直径8～15μm，球形至卵圆形，光滑，灰褐色。

▶ 生长习性：秋季生于林地。分布于赫章县。

## 37 白假鬼伞

▶ 拉丁学名：*Coprinellus disseminates* (Pers.) J.E. Lange
　　　　　≡ *Agaricus disseminatus* Pers.

▶ 形态特征：菌盖直径1.5～2.0cm，钟形，灰色或黄灰色，具条纹，表面覆灰色纤毛。菌肉灰色或灰白色。菌褶宽2mm，离生，密，不等长，白色，很快变成深灰色，不液化。菌柄长2.5～3.5cm，直径2mm左右，白色，中生，圆柱形，有时弯曲，表面覆有灰白色绒毛，基部棕色。担孢子（6.5～9.5）μm×（4.0～6.0）μm，椭圆形至卵圆形，光滑。

▶ 生长习性：夏秋季生于路边、林中的腐木或草地上，腐生生活，喜湿润的生长环境。分布纳雍县、大方县和金沙县。

## 38 辐毛小鬼伞

▶ 拉丁学名：*Coprinellus radians* (Desm.) Vilgalys, Hopple & Jacq. Johnson
　　　　　≡ *Agaricus radians* Desm.

▶ 形态特征：菌盖成熟时直径5mm，初期球形至卵圆形，后渐展开且盖缘上卷；具有白色的毛状鳞片，中部呈赭褐色、橄榄灰色，具小鳞片及条纹，老时开裂，表面湿，不黏。菌肉薄，初期灰褐色。菌褶弯生至离生，幼时白色，后渐变黑色，不等长，褶缘平滑。菌柄长2.0～6.5cm，直径1～4mm，圆柱形，向下渐粗，脆且易碎，空心，白色。菌柄基部至基物表面常有牛毛状菌丝覆盖。担孢子（9～11）μm×（6～8）μm，椭圆形，表面光滑，灰褐色至暗棕褐色，具有明显的芽孔。

▶ 生长习性：单生于混交林地面，喜湿润的生长环境，腐生生活，往往成群丛生。分布于大方县。

### 39 毛头鬼伞

▶拉丁学名：*Coprinus comatus* (O.F. Müll.) Pers.

≡ *Agaricus comatus* O.F. Müll.

▶形态特征：菌盖直径4cm，初为圆筒形后呈钟形，最后平展；白色，顶部浅褐色，有淡土黄色鳞片，边缘有细条纹。菌肉白色，中间厚，四周薄。菌褶初期白色，后变为粉灰色至黑色。菌柄长25cm，直径2cm，圆柱形，基部纺锤形，白色，空心。菌环白色，膜质，易脱落。担孢子(12.5～18.0)μm×(7.5～10.0)μm，椭圆形，光滑，黑色。

▶生长习性：夏秋季群生或单生于林地。幼时可食。分布于大方县。

## 40 蓝褶丝膜菌

- ▶ 拉丁学名：*Cortinarius caesiifolius* A.H. Sm.
- ▶ 形态特征：菌盖直径1.7cm，中间厚度为6mm，半圆形至平展；中部棕色，外周灰色，表面干，幼嫩时覆有纤毛，成熟后光滑。菌肉厚达2mm，灰紫色。菌褶宽达3mm，紫色，直生，密度中，不等长，边缘平。菌柄长5.4cm，直径6mm，灰白色，中生，棒状，表面覆有纤毛。担孢子（6.7～7.7）μm×（5.0～6.0）μm，近球形至椭圆形，灰褐色。

- ▶ 生长习性：夏秋季散生于阔叶林湿润地面。分布于纳雍县和大方县。

## 41 锈色丝膜菌

- ▶ 拉丁学名：*Cortinarius subferrugineus* (Batsch) Fr.
  ≡ *Agaricus subferrugineus* Batsch
- ▶ 形态特征：菌盖直径4.4cm，中间厚度为9mm，平展，边缘锐，有时呈撕裂状，内卷；深棕色，边缘灰白色，干后褐色至黑褐色，表面不平有轻微突起。菌肉厚达2mm，淡黄色。菌褶宽达7mm，粉黄色，弯生，密度中，不等长。菌柄长8.2cm，直径9mm，黄棕色，中生，近圆柱形，向下渐粗，基部有白色菌丝，内部松软。担孢子（7.85～8.91）μm×（5.19～6.91）μm，椭圆形，不光滑，表面有突起，褐色，壁厚。
- ▶ 生长习性：夏秋季散生于阔叶林湿润地面。分布于大方县。

## 42 橙拱顶伞

▶ 拉丁学名：*Cuphophyllus aurantius* (Murrill) Lodge，K.W. Hughes & Lickey
≡ *Hygrocybe aurantia* Murrill

▶ 形态特征：菌盖直径1.7～2.5cm，中间厚度为5mm，稍平展，中部稍顶起；橙红色，表面湿，水渍状。菌肉厚达1mm，橙色。菌褶宽达3.0～3.5mm，淡橙色，直生，密度中，不等长。菌柄长2.6～3.0cm，直径2～3mm，中生，近圆柱形，有时稍扁，内部中空，上部淡黄色，中下部覆有白色绒毛。担孢子（4.5～6.0）μm×（4.0～5.0）μm，近圆形、椭圆形，光滑，无色，壁薄。

▶ 生长习性：夏秋季单生于针叶林湿润地面。分布于织金县。

## 43 日本囊皮菌

▶ 拉丁学名：*Cystoderma japonicum* Thoen & Hongo
▶ 形态特征：菌盖斗笠形，直径3～5cm；土黄色，表面被有绒毛，边缘内卷，并残留菌幕。菌肉白色，厚1.1～1.6mm。菌褶直生，密，不等长，淡红色至淡紫红色，宽3.0～3.5mm。菌柄长5.9～6.5cm，直径6～8mm，中生，圆柱形，黄色，表面密被棕黄色绒毛，基部膨大。菌柄上部有菌幕，外菌幕破裂后附着在菌盖边缘，菌盖表面及菌柄表面有细小同色突起。担孢子（4.0～5.0）μm×（2.5～3.5）μm，椭圆形，淀粉质。
▶ 生长习性：秋季群生于针叶林湿润地面，腐生生活。分布于威宁彝族回族苗族自治县。

## 44 苍白囊皮菌

▶ 拉丁学名：*Cystoderma muscicola* (Cleland) Grgur.
　　　　　≡ *Armillaria muscicola* Cleland
▶ 形态特征：子实体一般较小。菌盖直径2～5cm，初期近卵圆形，渐扁半球形至平展，往往中部突起；土褐色，表面干燥，边缘附有菌幕残片。菌肉白色，薄。菌褶白色至乳黄色，密，直生，不等长。菌柄长2～9cm，直径3～7mm，近圆柱形，菌环以上白色且光滑，菌环以下同菌盖色，具小疣，内部松软至中空。菌环生于菌柄上部，膜质，易脱落。孢子印白色。担孢子无色，光滑，卵圆形至椭圆形，大小为（6.0～6.7）μm×（3.5～4.0）μm。
▶ 生长习性：秋季散生在针阔混交林地面，往往生于苔藓之间。分布于织金县。

## 45 纤巧囊小伞（近似种）

▶ 拉丁学名：*Cystolepiota* cf. *seminuda* (Lasch) Bon

▶ 形态特征：菌盖直径0.8～1.8cm，平展，边缘少许撕裂；表面白色至米色，中央米色至淡黄褐色，被白色、淡粉红色至淡褐色粉末状鳞片。菌肉白色。菌褶宽达4mm，离生或直生，近白色至米色，不等长。菌柄长1.5～5.5cm，直径1～2mm，圆柱形，白色，中生，棒状，幼时被白色、淡粉红色至淡褐色粉末状鳞片，上半部白色至近白色，仅基部粉红褐色。菌环上位，白色，易消失。担孢子（3.5～4.5）μm×（2.5～3.0）μm，椭圆形，表面光滑或有不明显的小疣，无色。

▶ 生长习性：单生在混交林湿润地面。分布在赫章县。

## 46 假蜜环菌

▶ 拉丁学名: *Desarmillaria tabescens* (Scop.) R.A. Koch & Aime
     ≡ *Armillaria tabescens* Scop.

▶ 形态特征: 菌盖直径3 ~ 8cm, 幼时扁半球形, 后渐平展, 有时边缘稍翻起; 蜜黄色
    或黄褐色, 老后锈褐色, 往往中部色深并有纤毛状小鳞片, 不黏。菌肉白
    色或带乳黄色。菌褶白色至污白色, 稍带暗肉粉色, 密度稍低, 延生, 不
    等长。菌柄长3 ~ 12cm, 直径2 ~ 8mm, 上部污白色, 中部以下灰褐色,
    有时扭曲, 具平伏丝状纤毛, 内部松软至空心, 无菌环。担孢子无色, 光
    滑, 椭圆形至近卵圆形, 大小为（7.5 ~ 10.0）μm×（5.3 ~ 7.5）μm。

▶ 生长习性: 夏秋季在树干基部或根部丛生。分布于黔西市。

## 47 秘密粉褶菌

▶ 拉丁学名: *Entoloma clandestinum* (Fr.) Noordel.
     ≡ *Agaricus clandestinus* Fr.

▶ 形态特征: 菌盖直径1 ~ 3cm, 凸镜形具脐突至平展, 中部明显隆起; 枯黄色, 中央
    隆起部分灰褐色, 通常光滑, 边缘多有条纹。菌褶宽达5mm, 直生, 密度
    低, 不等长, 白色。菌柄长3 ~ 6cm, 直径2 ~ 6mm, 圆柱形, 浅褐色,
    基部至近基部被白色菌丝体。担孢子（7.0 ~ 10.8）μm×（5.7 ~ 7.8）μm,
    椭圆形, 具小尖。

▶ 生长习性: 夏秋季生长于针阔混交林湿润地面。分布于赫章县。

## 48 晶盖粉褶菌

▶ 拉丁学名：*Entoloma clypeatum* (L.) P. Kumm.

≡ *Agaricus clypeatus* L.

▶ 形态特征：菌盖幼时近半球形或近钟形，逐渐生长呈扁半球形至近平展，中央有突起，边缘伸展向内卷曲，直径4cm，厚5mm；浅土色，表面湿，表面带有小黑点。菌褶弯生至离生，浅土色，密度中，不等长。菌柄中生，长5cm，直径3mm，光滑，内部充实，圆柱形或向下渐粗，灰白色。菌肉白色，有淀粉气味。担孢子孢壁稍厚，无色或近无色，光滑，内含1个大油球，具5～6角，大小为（7.5～10.0）μm×（7.5～8.3）μm。

▶ 生长习性：单生于混交林湿润地面，腐生生活。分布于金沙县。

## 49 灰粉褶蕈

▶ 拉丁学名：*Entoloma henrici* E. Horak & Aeberh.

▶ 形态特征：菌盖直径2cm，浅棕色，菌盖中部轻微凹陷，呈浅漏斗形，边缘不规则，内卷，菌盖与菌柄不易分离。菌肉白色。菌褶白色，成熟时颜色不变，宽0.5mm，延生，密度低，不等长。菌柄长2cm，直径1mm，白色，近根部渐变为浅棕色，中生，纤维质，表面光滑，内部中空。担孢子（8.5 ~ 11.0）μm×（7.5 ~ 9.0）μm，表面光滑，具5 ~ 6角。

▶ 生长习性：散生于混交林湿润地面。分布于七星关区。

## 50 伊利莫纳粉褶蕈（近似种）

▶ 拉丁学名：*Entoloma* cf. *llimonae* Vila，F. Caball.，Català & J. Carbó

▶ 形态特征：菌盖直径2cm，平展；棕褐色，表面湿，带有辐射状沟纹。菌肉厚达2mm，灰色。菌褶宽达2mm，灰色，直生，密度中，不等长。菌柄长7cm，直径2mm，灰褐色，中生，棒状，较光滑。担孢子（8.0 ~ 10.0）μm×（7.5 ~ 8.0）μm，光滑，近球形。

▶ 生长习性：夏秋季单生于针叶林地面，喜湿润的生长环境。分布于赫章县。

## 51 穆雷粉褶蕈

▶ 拉丁学名：*Entoloma murrayi* (Berk.&M.A. Curtis) Sacc. & P. Syd.

▶ 形态特征：菌盖直径2～4cm，斗笠形，顶部具显著长尖乳突，边缘内卷；较光滑，成熟后略具光泽，具条纹或浅沟纹，黄红色。菌肉厚达4mm，浅橙色。菌褶宽达5mm，直生或弯生，较稀，具2～3行小菌褶，与菌盖同色至带粉红色。菌柄长4～8cm，直径2～4mm，圆柱形，光滑至具纤毛，黄白色，空心，向下稍膨大。担孢子宽7.0～9.5μm，多角形，壁厚，淡粉红色。

▶ 生长习性：夏秋季单生至群生于针阔混交林地面。分布于纳雍县。

## 52 极细粉褶蕈

▶ 拉丁学名：*Entoloma praegracile* Xiao L. He & T.H. Li
▶ 形态特征：菌盖直径 2cm，中间厚度为 2mm，初为凸镜形或漏斗形，后平展，中部略凹陷或平整；中部黑紫色，外部淡紫色，水渍状，透明条纹直达菌盖中部，光滑。菌肉厚达 0.5mm，与菌盖同色。菌褶宽达 2mm，密，不等长，初为白色，后变为粉红色。菌柄长 4.5cm，直径 2mm，灰紫色，中生，近圆柱形，基部膨大，光滑，空心，质脆，基部具白色菌丝体。担孢子（9.0 ～ 10.5）μm×（6.5 ～ 8.0）μm，具 5 ～ 6 角，异径，壁较薄。
▶ 生长习性：夏秋季单生于针叶林地面，喜湿润的生长环境。分布于织金县。

## 53 圣维托粉褶蕈

▶ 拉丁学名：*Entoloma sanvitalense* Noordel. & Hauskn.
▶ 形态特征：菌盖直径 2.1cm，中间厚度为 5mm，斗笠形；有棕黑色突起，中外部棕褐色，边缘有不明显的条纹。菌肉厚达 1mm，灰色。菌褶宽达 4mm，灰棕色，弯生，密度中，不等长。菌柄长 4.1cm，直径 2mm，棕黑色，中生，圆柱形，内部松软，基部杵状，表面光滑。担孢子（8.2 ～ 10.9）μm×（6.4 ～ 7.6）μm，具 5 ～ 7 角。
▶ 生长习性：夏秋季散生在阔叶林地面，喜湿润的生长环境。分布于大方县。

## 54 北方不规则孢伞（近似种）

▶ **拉丁学名**：*Gerhardtia* cf. *borealis*（Fr.）Contu & A.Ortega

▶ **形态特征**：菌盖直径1.0 ~ 1.5cm，平展，近圆形，菌盖边缘上翘；浅棕色至红棕色，菌盖表面中部颜色加深，深棕色。菌褶弯生，不等长，较密，乳白色。菌柄乳白色至浅棕色，长12cm，棒状，根部渐粗。担孢子（6.0 ~ 8.5）μm×（4.0 ~ 5.0）μm，椭圆形至卵圆形，光滑，灰褐色。

▶ **生长习性**：夏秋季散生在阔叶林地面。分布于纳雍县。

## 55 近棒状老伞

▶ 拉丁学名：*Gerronema subclavatum* (Peck) Singer ex Redhead

　　　　≡ *Omphalia subclavata* Peck

▶ 形态特征：菌盖直径0.9 ~ 1.1cm，中央凹陷，边缘向下内卷，呈宽漏斗形，边缘撕裂不平整，有条纹；黄褐色，中央有少量白色纤毛。菌褶明显，宽1mm，延生，黄褐色，较稀疏。菌柄白黄色，细长，长5cm。担孢子（6.0 ~ 8.5）μm×（4.0 ~ 5.5）μm，椭圆形至卵圆形，光滑，壁薄。

▶ 生长习性：夏秋季单生在针叶林枯枝上。分布于大方县。

## 56 红铆钉菇

▶ 拉丁学名：*Gomphidius roseus* (Fr.) Oudem.

　　　　≡ *Agaricus glutinosus ß roseus* Fr.

▶ 形态特征：子实体较小。菌盖直径2.0 ~ 5.2cm，中间厚度为7mm，半球形至近平展，后期有时中部稍下凹，边缘有条纹；中心深红色，向外渐淡呈深橘红色至红黄色。菌肉厚2 ~ 4mm，淡黄色。菌褶密度低，延生，稍厚，宽2 ~ 3mm，淡橘红色，不等长。菌柄近柱形，基部稍细，长4.5 ~ 8.0cm，直径6mm，黄褐色，内部呈黄色，中生。担孢子近纺锤形，光滑，大小为（15 ~ 18）μm×（5 ~ 6）μm。

▶ 生长习性：夏秋季单生于针叶林和混交林地面，腐生生活，喜干燥的生长环境。分布于赫章县和纳雍县。

## 57 奇异裸伞

▶ 拉丁学名：*Gymnopilus decipiens* (Sacc.) P.D. Orton

▶ 形态特征：菌盖直径2cm，半圆形，边缘下弯；红褐色，中部暗红棕色，边缘淡黄色，光滑。菌肉淡黄色。菌褶2mm，黄白色，密度中，近直生，不等长。菌柄长3cm，直径3mm，中生，浅棕色，内部松软。担孢子（7.0～10.0）μm×（4.5～5.5）μm。

▶ 生长习性：夏秋季单生在混交林的地面、落叶层和枯枝上，腐生生活，喜湿润的生长环境。分布于黔西市。

## 58 斑叶裸伞

▶ 拉丁学名：*Gymnopilus punctifolius* (Peck) Singer

▶ 形态特征：菌盖直径2.5～3.0cm，初为半球形，后平展，边缘内卷；表面浅黄褐色，中部颜色稍深，表面总体光滑，覆有细纤毛。菌褶弯生，较宽，密，淡黄棕色，不等长。菌柄长3cm，直径7mm，近圆柱形，向下渐粗，中生，中上部淡黄色，表面覆纤毛，基部覆有较多的白色菌丝，受伤后变蓝紫色。担孢子椭圆形，具小疣，光滑，壁薄，黄棕色，非淀粉质，大小为（4.0～6.0）μm×（3.5～5.0）μm。

▶ 生长习性：夏秋季生长于针阔混交林地面，喜湿润的生长环境。分布于纳雍县。

## 59 赭黄裸伞

▶ 拉丁学名：*Gymnopilus penetrans* (Fr.) Murrill

▶ 形态特征：菌盖直径3.4～5.0cm，中间厚度为2～9mm，半球形至平展，边缘微内卷和撕裂；橙黄色，表面较粗糙，覆有纤毛。菌肉厚3mm，黄白色。菌褶宽2～5mm，橙黄色，直生，密，不等长；菌柄长4～6cm，直径1～4mm，中生，近圆柱形，基部有白色菌丝，橙黄色。担孢子（7.0～8.9）μm×（4.0～5.0）μm，椭圆形，黄棕色，表面有疣状纹饰。

▶ 生长习性：夏秋季单生于针叶林地面，腐生生活，喜湿润的生长环境。分布于纳雍县、大方县、赫章县和织金县。

## 60 金黄裸脚伞

▶ 拉丁学名：*Gymnopus aquosus* (Bull.) *Antonín & Noordel.*
　　　　　　≡ *Agaricus aquosus* Bull.

▶ 形态特征：菌盖直径1.8～2.1cm，幼时凸镜形、半球形，光滑，边缘具皱纹，呈波状；亮灰棕色，表面干。菌肉厚达1mm，灰白色。菌褶宽达1mm，灰白色至深棕色，直生至近延生，密，不等长。菌柄长5.0～5.6cm，直径2mm，中生，近圆柱形，向下渐粗，光滑，灰棕色，内部松软。担孢子无色或淡灰色，光滑，椭圆形，大小为（5.0～6.7）μm×（3.5～4.6）μm。

▶ 生长习性：夏季丛生于针叶林湿润地面。分布于威宁彝族回族苗族自治县。

## 61 密薄裸脚伞

▶ 拉丁学名：*Gymnopus densilamellatus* Antonín，Ryoo & Ka

▶ 形态特征：菌盖直径5cm，初期半球形，成熟后近平展，边缘内卷，小波浪状；浅黄色，中心色稍深，呈淡棕黄色，表面光滑。菌肉厚2mm，白色。菌褶宽达2mm，灰白色，离生，密，不等长。菌柄长7.5cm，直径8mm，中生，棒状，向下渐粗，内部松软，上部灰白色，下部棕黄色。担孢子（4.7 ~ 8.0）μm×（2.5 ~ 3.5）μm，椭圆形至卵圆形，光滑，无色，壁薄，非淀粉质。

▶ 生长习性：夏秋季单生于针叶林湿润地面。分布于大方县和赫章县。

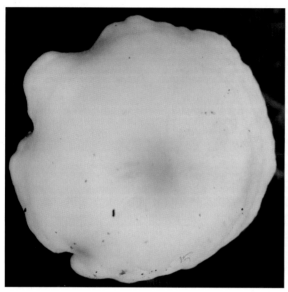

## 62 栎裸脚伞

▶ 拉丁学名：*Gymnopus dryophilus* (Bull.) Murrill

　　　　　≡ *Agaricus dryophilus* Bull.

▶ 形态特征：菌盖直径3 ~ 4cm，厚3 ~ 4mm，初为凸镜形，后期平展，中心有突起，表面有细皱纹，边缘内卷，呈波浪状；淡粉红色，中心和边缘淡棕色。菌肉白色，厚1mm。菌褶离生，白色，密，宽1mm，不等长。菌柄高6 ~ 7cm，直径8 ~ 9mm，中生，圆柱形，脆骨质，淡棕色或棕红色，表面有纤毛，内部中空。担孢子（4.8 ~ 6.5）μm×（2.5 ~ 3.5）μm，椭圆形，光滑，无色，非淀粉质。

▶ 生长习性：夏秋季生于混交林地面，喜湿润的生长环境，腐生生活。分布于金沙县。

## 63 褐黄裸柄伞（近似种）

▶ 拉丁学名：*Gymnopus* cf. *ocior* (Pers.) Antonín & Noordel.

▶ 形态特征：菌盖直径4.5cm，半球形；中部灰白色，边缘灰棕色，覆有棕色纤毛，表面干。菌肉乳白色。菌褶宽0.2cm，乳白色，密度中，离生，不等长。菌柄长5cm，直径0.7cm，棒状，基部稍膨大，脆骨质，内部中空，灰棕色。担孢子（5.0～7.6）μm×（3.0～4.3）μm，椭圆形，光滑，透明。

▶ 生长习性：夏秋季单生于阔叶林地面，腐生生活，喜湿润的生长环境。分布于毕节市。

## 64 高山滑锈伞

▶ 拉丁学名：*Hebeloma alpinum* (J. Favre) Bruchet

≡ *Hebeloma crustuliniforme* var. *alpinum* J. Favre

▶ 形态特征：菌盖直径2.7cm，中间厚度为5mm，半球形；灰白色，中心淡棕色，表面湿。菌肉厚达2mm，白色。菌褶宽达3mm，肉桂色，直生，密度中，不等长。菌柄长3.2cm，直径4mm，灰白色，中生，圆柱形，空心，上部具白色粉状物。担孢子（10.6～14.6）μm×（5.0～8.7）μm，杏仁形至椭圆形，淡棕色，表面有纹饰，具疣状突起。

▶ 生长习性：夏秋季单生于混交林地面。分布于织金县。

## 65 舟湿伞（近似种）

▶ 拉丁学名：*Hygrocybe* cf. *cantharellus* (Schwein.) Murrill

▶ 形态特征：菌盖直径1.5～3.5cm，幼时钝圆锥形至凸镜形，中部下凹，边缘贝壳形；具细微鳞片，幼时大红色，老后变淡。菌肉薄，污白色至橙黄色。菌褶延生，稍稀，淡黄色，褶缘平滑。菌柄长4～7cm，直径2～5mm，圆柱形或稍扁圆形，上下等粗，质地脆，光滑，大红色，初为实心，后变空心。担孢子（6.8～11.5）μm×（5.5～6.5）μm，椭圆形，光滑，无色。

▶ 生长习性：夏秋季群生或散生于红松林和云冷杉林地面。分布于纳雍县。

## 66 红湿伞

▶ 拉丁学名：*Hygrocybe reidii* Kühner

▶ 形态特征：菌盖直径2.2cm，钟形，顶部较宽，微下凹，边缘具浅条纹，呈撕裂状；中心大红色，其余橘黄色，表面湿。菌肉厚达1mm，灰白色。菌褶宽达4mm，灰白色，直生，密度中，不等长。菌柄长2.8cm，直径4mm，淡黄色，中生，圆柱形，纤维质，内部中空。担孢子（6～10）μm×（4～5）μm，平滑，椭圆形。

▶ 生长习性：夏秋季散生于阔叶林地面，喜湿润的生长环境。分布于大方县。

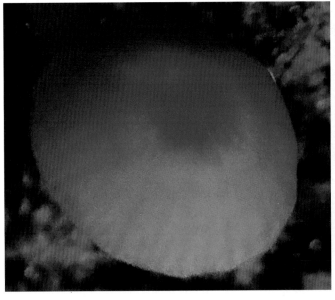

## 67 黄圆蜡伞

▶ 拉丁学名：*Hygrophorus flavodiscus* Frost.

▶ 形态特征：菌盖直径2.0 ~ 3.7cm，平展，中心稍下凹；中心淡棕色，中外部乳白色，表面湿黏。菌肉厚2mm，白色。菌褶宽1.5mm，白色至粉黄色，直生，不等长，密度中。菌柄长4.2 ~ 4.6cm，直径7mm，灰白色至淡黄色，中生，圆柱形，脆骨质，表面黏，内部实心。担孢子（6.0 ~ 8.0）μm×（3.5 ~ 5.0）μm，椭圆形，光滑。

▶ 生长习性：夏秋季单生在针叶林地面，喜湿润的生长环境。分布于威宁彝族回族苗族自治县。

## 68 鳞柄长根菇

▶ 拉丁学名：*Hymenopellis furfuracea* (Peck) R.H.Petersen

　　　　　≡ *Collybia radicata* var. *furfuracea* Peck

▶ 形态特征：菌盖直径2cm，钟形，菌盖边缘弯曲；深棕色至灰棕色或黄棕色，新鲜时黏腻。菌肉灰白色。菌褶白色至浅棕色，不等长，直生，较稀疏。菌柄长4 ~ 16cm，直径0.5 ~ 2.0mm，初期通常呈棒状，后逐渐变细，菌柄白色至棕灰色，表面有纤毛，有细纹路。担孢子（12.0 ~ 18.0）μm×（9.0 ~ 12.5）μm，椭圆形至宽卵形，光滑。

▶ 生长习性：夏季单生于混交林地面。分布于纳雍县。

## 69 黑皮鸡枞菌

▶ 拉丁学名：*Hymenopellis raphanipes* (Berk.) R.H. Petersen
　　　　　　≡ *Agaricus raphanipes* Berk.

▶ 形态特征：菌盖直径1～2cm，初期半球形，后平展，中心有锥形突起；中部深棕色，其余浅棕色，湿润时透明，表面覆细小褶皱和细条纹，表面黏。菌肉白色。菌褶直生至弯生，不等长，较稀，白色。菌柄长5～8cm，直径0.5～3.0mm，细长，近圆柱形，基部膨大，上部白色，中下部淡棕色并覆致密的绒毛，有假根，假根棕色至白色。担孢子（14.5～17.9）μm×（11.5～13.7）μm，近圆形至椭圆形，光滑，壁薄，淀粉质。

▶ 生长习性：秋季单生于混交林地面。分布于纳雍县。

## 70 簇生黄韧伞

▶ 拉丁学名：*Hypholoma fasciculare* (Huds.) P. Kumm.

　　　　　 ≡ *Agaricus fascicularis* Huds.

▶ 形态特征：菌体较小，黄色。菌盖直径3～5cm，初期半球形，开伞后平展；表面硫黄色或玉米黄色，中部淡红褐色。菌肉淡黄色。菌褶密，直生至弯生，不等长，青褐色。菌环呈蛛网状。菌柄长可达12cm，直径可达1cm，表面覆纤毛，内部实心至松软，上部分黄色，下部分褐黄色。孢子印紫褐色。担孢子淡紫褐色，光滑，椭圆形至卵圆形，大小为（5.0～8.0）μm×（3.0～4.5）μm。

▶ 生长习性：生于针叶林湿润地面。分布于大方县。

## 71 碱紫漏斗伞

▶ 拉丁学名：*Infundibulicybe alkaliviolascens* (Bellù) Bellù

　　　　　 ≡ *Clitocybe alkaliviolascens* Bellù

▶ 形态特征：菌盖直径6cm，最初扁平，中心浅凹陷，边缘上翘且呈波浪状，最后呈漏斗形；棕黄色，中部色稍深，不易与菌柄分离，表面湿，菌柄与菌盖同色或稍浅。菌肉厚达4mm，灰黄色。菌褶宽达4mm，延生，密，不等长，具分叉，奶油色至奶油黄色。菌柄长5.1cm，直径1.5cm，中生，棒状，向下渐粗，内部中空，棕黄色，表面覆有条束状纤毛。担孢子（5.0～6.9）μm×（3.3～4.8）μm，椭圆形至杏形，无色透明，壁薄，光滑，非淀粉质。

▶ 生长习性：夏秋季生于针叶林湿润地面。分布于大方县。

## 72 淡红漏斗伞

▶ **拉丁学名**：*Infundibulicybe rufa* Q. Zhao，K.D. Hyde，J.K. Liu & Y.J. Hao

▶ **形态特征**：菌盖直径初期为 2.4 ～ 6.1cm，初平展，后中心凹陷，呈斗笠形或喇叭形；中部黄棕色，外缘色较浅，为灰白色。菌肉厚达 1mm，白色。菌褶宽达 1mm，乳白色，向下延生，密度中，不等长。菌柄长 5.2cm，直径 8mm，近圆柱形，向下渐粗，中生，内部松软，浅棕色，表面覆细绒毛，基部有白色菌丝。担孢子（6.0 ～ 8.9）μm×（4.1 ～ 5.2）μm，椭圆形至卵圆形，光滑，灰褐色，非淀粉质。

▶ **生长习性**：夏季群生于针叶林地面。分布于威宁彝族回族苗族自治县。

## 73 细鳞杯伞

▶ 拉丁学名：*Infundibulicybe squamulosa* (Pers.) Harmaja.
　　　　　≡ *Agaricus squamulosus* Pers.

▶ 形态特征：菌盖直径2.0 ～ 4.5cm，中央厚度8 ～ 10mm，平展，中部稍下陷；黄褐色，表面有棕色细小鳞片，菌盖中部红棕色。菌肉白色，厚7mm，伤不变色。菌褶宽1mm，白色，密，延生。菌柄黄褐色，中生，棒状，表面覆有条纹状纤毛。担孢子（6.0 ～ 7.5）μm×（3.0 ～ 4.0）μm，椭圆形，光滑，无色，非淀粉质。

▶ 生长习性：夏季散生于针叶林地面，腐生生活，喜湿润的生长环境。分布于威宁彝族回族苗族自治县。

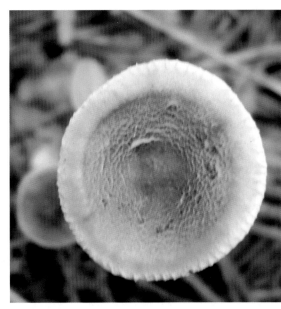

## 74 赭色丝盖伞

▶ 拉丁学名：*Inocybe assimilata* Britzelm.

▶ 形态特征：菌盖直径 1.5 ～ 1.8cm，幼时钟形至半球形，后呈斗笠形，菌盖中央具明显钝突起，有条纹丝状物，边缘开裂；深褐色至暗褐色。菌肉肉质，白色。菌褶密，直生，初期乳白色，后为橄榄灰色，成熟后呈淡褐色。菌柄长3 ～ 5cm，直径2 ～ 3mm，圆柱形，基部稍膨大，淡褐色，中下部色渐淡，实心。担孢子（7.2 ～ 8.9）μm×（4.9 ～ 6.7）μm，不规则矩形，具不明显小疣，淡褐色。

▶ 生长习性：夏季或秋季散生于阔叶林或针叶林地面。分布于威宁彝族回族苗族自治县。

## 75 斑痕丝盖伞

▶ 拉丁学名：*Inocybe cicatricata* Ellis & Everh.

▶ 形态特征：菌盖直径2～3cm，初期钟形，成熟后近平展，呈伞状，中部锐突，边缘内卷；灰白色至浅褐色，表面开裂，呈条纹状。菌肉污白色，后呈淡褐色。菌褶直生，稍密，不等长，淡褐色。菌柄长6～9cm，直径2.5～4.5mm，圆柱形，向下渐粗，实心，灰褐色，表面覆有白色绒毛，基部有白色菌丝。担孢子（8.0～12.7）μm×（4.9～8.0）μm，不规则矩形，有2～8个圆形的结节。

▶ 生长习性：夏秋季生于阔叶林和针叶林地面。分布于威宁彝族回族苗族自治县。

## 76 光滑丝盖伞

▶ 拉丁学名：*Inocybe glabrescens* Velen.

▶ 形态特征：菌盖直径3.4cm，中央厚度8mm，初为半球形，中部有较钝突起，中外部裂开；棕红色，中心色稍深，呈深棕红色，表面纤丝状。菌肉灰白色，肉质厚。菌褶宽2mm，白色，密，离生，不等长。菌柄长3.4cm，直径5mm，中生，中上部灰白色，下部淡黄棕色，覆有纤毛。担孢子（8.5～10.0）μm×（4.5～5.5）μm，椭圆形、杏仁形，顶部稍锐，光滑，褐色。

▶ 生长习性：夏秋季散生于针叶林、阔叶林地面，喜干燥的生长环境。分布于威宁彝族回族苗族自治县。

## 77 光滑圆丝盖伞（近似种）

▶ 拉丁学名：*Inocybe* cf. *glabrodisca* P.D. Orton

▶ 形态特征：菌盖直径4cm，初期钟形，成熟后近平展，中间有较钝突起，边缘细缝裂至开裂；黄褐色，表面纤丝呈条纹状。菌肉淡棕色。菌褶弯生，稍密，不等长，灰棕色。菌柄长6cm，直径4～5mm，圆柱形，向下渐粗，实心，浅黄色。担孢子（7.5～11.0）μm×（6.0～8.0）μm，椭圆形，褐色。

▶ 生长习性：夏秋季单生于阔叶林和针叶林地面。分布于纳雍县。

## 78 具纹丝盖伞

▶ **拉丁学名**: *Inocybe grammata* Quél.

▶ **形态特征**: 菌盖直径2.2～4.0cm，初期钟形，成熟后渐平展，菌盖中央具明显较钝突起；肉粉色至粉褐色，表面光滑、干燥。菌肉肉质，白色或带肉粉色，有较浓的土腥味。菌褶宽达4.5mm，灰白色至肉粉色，直生，稍密，有完整的边缘。菌柄长4～6cm，直径5～9mm，圆柱形，粗，基部球形膨大，实心，肉粉色。担孢子（7.9～9.1）μm×（5.0～6.5）μm，多角形，有突出的小瘤，不光滑，黄褐色。

▶ **生长习性**: 夏秋季生于阔叶林或针叶林地面。分布于威宁彝族回族苗族自治县。

## 79 棉毛丝盖伞

▶ 拉丁学名: *Inocybe lanuginosa* (Bull.) Kalchbr.
≡ *Agaricus lanuginosus* Bull.

▶ 形态特征: 菌盖直径0.8～1.5cm，初期近球形至半球形，成熟后近平展形；表面密被褐色毛鳞片，褐色。菌肉灰褐色，无特殊气味。菌褶宽达3mm，直生，稍密，淡褐色，褶缘不平滑，色淡。菌柄长2.0～3.2cm，直径3～4mm，圆柱形，粗，实心，覆有与菌盖同色的长绒毛，基部不膨大。担孢子(8.0～9.0) μm×(5.5～6.5) μm，椭圆形或不规则形，淡褐色，具6～8个小突起。

▶ 生长习性: 夏秋季单生或散生于针叶林中的腐木上。分布于纳雍县。

## 80 大脚丝盖伞

▶ 拉丁学名: *Inocybe latibulosa* E. Horak，Matheny & Desjardin

▶ 形态特征: 菌盖直径1.5～2.0cm，初期近球形至半球形，成熟后近平展，菌盖中部具较钝突起，边缘细缝裂至开裂；褐棕色，中部颜色更深，表面具棕色纤丝。菌肉浅黄色。菌褶直生，密，不等长，灰色。菌柄长3.5～5.5cm，直径3～5mm，浅褐色，圆柱形，向下渐粗，实心，表面被短绒毛。担孢子(7.5～9.0) μm×(5.0～5.5) μm，椭圆形，棕色，表面光滑。

▶ 生长习性: 夏秋季生于林地。分布于纳雍县。

## 81 黑丝盖伞

▶ 拉丁学名：*Inocybe melanopoda* D.E. Stuntz

▶ 形态特征：菌盖直径1～2cm，初为近球形，后平展，中部下凹，边缘内卷，呈波浪状；灰棕色，具有白色短绒毛。菌肉灰白色。菌褶直生，密，不等长，灰棕色。菌柄长5.5～7.5cm，直径2.5～3.5mm，圆柱形，实心，覆有与菌盖相同的绒毛，棕色。担孢子（8.5～10.5）μm×（5.0～6.0）μm，褐色。

▶ 生长习性：夏秋季散生或单生于阔叶林地面。分布于赫章县。

## 82 白蜡蘑（白皮条菌）

▶ 拉丁学名：*Laccaria alba* Zhu L. Yang & Lan Wang

▶ 形态特征：菌盖直径 1.0 ～ 3.5cm，中间厚度为 4mm，平展，中心微凹，边缘内卷；淡棕色，表面干。菌肉厚 1mm，棕色。菌褶宽达 3mm，红棕色，直生，密度低，不等长。菌柄长 3 ～ 5cm，直径 3 ～ 6mm，中生，近圆柱形，白色至污白色，纤维质，具纤毛，基部有白色菌丝体。担孢子（8.0 ～ 9.0）μm×（7.8 ～ 9.0）μm，球形至近球形，具长 1.5 ～ 2.0μm 的小刺，无色。

▶ 生长习性：夏秋季生长于针叶林地面。分布于赫章县。

## 83 紫晶蜡蘑（紫蜡蘑、假花脸蘑、紫皮条菌）

▶ 拉丁学名：*Laccaria amethystea* Cooke

▶ 形态特征：子实体小，紫色。菌盖直径 2 ～ 4cm，初为扁球形，后渐平展，中央下凹呈脐状，边缘外翘呈波浪状；蓝紫色，似蜡质，色深，干燥时灰白色带紫色。菌肉与菌盖同色，薄。菌褶蓝紫色，直生或近弯生，宽，较稀疏，不等长。菌柄长 3 ～ 8cm，直径 2 ～ 8mm，与菌盖同色，中生，圆柱形，纤维质，内部松软，有细绒毛，下部常弯曲。担孢子（8.0 ～ 12.6）μm×（6.8 ～ 11.2）μm，球形或椭圆形，有小刺或小疣，小刺长 1.5 ～ 2.5μm，无色。

▶ 生长习性：夏秋季生长于针叶林地面。分布于大方县和赫章县。

## 84 橙黄蜡蘑

▶ 拉丁学名: *Laccaria aurantia* Popa, Rexer, Donges, Zhu L. Yang & G. Kost
▶ 形态特征: 菌盖直径1～2cm,中间厚度2mm,平展,边缘撕裂;土红色、铁锈色,老后淡黄色。菌肉淡红色,厚1.0～4.5mm,具有香味。菌褶直生,淡红色,宽4mm,密度低或中,不等长。菌柄长2.9～7.0cm,直径2～3mm,圆柱形,中生,纤维质,铁锈色,内部中空。担孢子(9～10)μm×(8～10)μm。
▶ 生长习性: 生长在针叶林树桩上,喜湿润的生长环境。分布于赫章县和威宁彝族回族苗族自治县。

## 85 双色蜡蘑

▶ 拉丁学名: *Laccaria bicolor* (Maire) P.D. Orton

　　　　　 ≡ *Laccaria laccata* var. *bicolor* Maire

▶ 形态特征: 菌盖直径3.5cm，中间厚度为2mm，初期扁半球形，后期稍平展，中部平或稍下凹，边缘稍外翻；浅赭色或暗粉褐色至皮革褐色，干燥时色变浅，表面平滑或稍粗糙，覆粉状绒毛，边缘有条纹。菌肉厚达1mm，灰黄色，无明显气味。菌褶宽达3mm，淡紫黄色，直生，密度中，不等长。菌柄长8cm，直径5mm，暗粉褐色，中生，圆柱形，向下渐粗，纤维质，内部中空。孢子印白色。担孢子近卵圆形，大小为（7～9）μm×（6～8）μm，不光滑，有突起。

▶ 生长习性: 夏秋季散生在针叶林地面，喜湿润的生长环境。分布于威宁彝族回族苗族自治县。

## 86 贵州蜡蘑

▶ 拉丁学名: *Laccaria guizhousis* San Fang Zhang & Yang Gui

▶ 形态特征: 菌盖直径2～5cm，扁半球形至平展，中部常下陷；肉褐色，常覆有细小鳞片，不黏，有长的辐射状沟纹。菌肉薄。菌褶直生至稍下延，与菌盖同色或色稍深。菌柄长4～8cm，直径3～5mm，近圆柱形，与菌盖同色。担孢子（7～8）μm×（6～8）μm，球形至近球形，无色。

▶ 生长习性: 夏秋季生于林地。可食用。分布于织金县、纳雍县和威宁彝族回族苗族自治县。

## 87 红蜡蘑（红皮条菌、红皮条蜡蘑）

▶ 拉丁学名：*Laccaria laccata* (Scop.) Cooke
　　　　　　 ≡ *Agaricus laccatus* Scop.

▶ 形态特征：菌盖直径1.7 ~ 1.9cm，中间厚度为3 ~ 5mm，近平球形，中心下凹呈脐状，边缘下弯且呈波状；棕黄色，边缘橙色。菌肉厚达1mm，棕黄色。菌褶宽达4mm，棕黄色，直生，密度中。菌柄长1.7 ~ 5.0cm，直径2 ~ 4mm，棕黄色，中生，圆柱形，纤维质，内部中空，表面光滑。担孢子（7.1 ~ 10.8）μm×（7.2 ~ 9.5）μm，近球形，具小刺，无色或带淡黄色。

▶ 生长习性：夏秋季散生或群生于针叶林和阔叶林地面及腐殖质上，或者林外沙土坡地上。可食用。分布于大方县、纳雍县、赫章县和威宁彝族回族苗族自治县。

## 88 蓝紫蜡蘑

▶ 拉丁学名：*Laccaria moshuijun* Popa & Zhu L. Yang

▶ 形态特征：菌盖直径4cm，中间厚度为5mm，浅钟形，中心下凹，边缘内卷并下弯，呈波浪状；菌盖紫色。菌肉厚达1mm，紫色。菌褶宽3～4mm，紫色，延生，密度中，不等长。菌柄长2.5～10.0cm，直径3～10mm，紫色，中生，棒状或圆柱形，纤维质，内部中空，较光滑。担孢子（8～9）μm×（9～10）μm。

▶ 生长习性：生长在针叶林地面，喜湿润的生长环境。分布于赫章县。

## 89 棕黑蜡蘑

▶ 拉丁学名：*Laccaria negrimarginata* A.W. Wilson & G.M. Muell.

▶ 形态特征：子实体散生。菌盖平展，直径8～13mm；灰白色，表面有粉状物，质脆。菌肉灰色，厚度为1～3mm。菌褶直生，密度低或中，宽0.5～2.0mm，不等长，幼时白色，成熟后变灰色。菌柄长1.5～2.8cm，直径1～4mm，中生，顶端至基部由灰色变为褐色，圆柱形，纤维质，表面具纵条纹，内部空心或中实。担孢子（7.5～10.0）μm×（7.4～9.7）μm，椭圆形。

▶ 生长习性：生长在阔叶林地面，喜湿润的林荫地。分布于威宁彝族回族苗族自治县。

## 90 条柄蜡蘑

▶ 拉丁学名：*Laccaria proxima* (Boud.) Pat.

≡ *Clitocybe proxima* Boud.

▶ 形态特征：菌盖直径2.7cm，浅钟状，菌盖边缘下弯，中外部有较宽条纹；灰白色，边缘淡黄色。菌肉灰白色。菌褶宽3mm，直生至延生，乳白色，密度中。菌柄长3cm，直径4mm，中生，纤维质，棒状，白色至粉白色，有细条状纤毛，内部中空。担孢子（7.0～9.3）μm×（6.2～8.3）μm，近卵圆形或近球形，具细小刺，无色。

▶ 生长习性：夏秋季生长在针叶林地面，喜湿润的生长环境。分布于威宁彝族回族苗族自治县和纳雍县。

## 91 柔毛蜡蘑

▶ 拉丁学名：*Lacrymaria lacrymabunda* (Bull.) Pat.
　　　　　≡ *Lacrymaria velutina* (Pers.) Konrad & Maubl.
　　　　　≡ *Agaricus velutinus* Pers.
▶ 形态特征：菌盖直径3～8cm，球形、宽钟形或近平展，有条纹；灰棕色至黄褐色，后褪色至暗褐色。菌褶离生，密度高，不等长，棕色。菌柄长4～10cm，直径4～10mm，圆柱形，具有被孢子变暗的环区，上面是白色，下面是浅褐色，基部菌丝白色。菌肉白色至褐色，无独特气味。担孢子（8～12）μm×（5～7）μm，近球形至近杏仁形，表面粗糙。
▶ 生长习性：夏秋季生长在新枯死的硬木树附近或树林中。分布于赫章县。

## 92 模糊乳菇

▶ 拉丁学名：*Lactarius ambiguus* X.H. Wang
▶ 形态特征：子实体单生，小至中等，直径3.5～5.8cm。菌盖半圆形，后平展，在中央下陷呈漏斗形，边缘呈波浪状；淡粉红色，中部红褐色。菌肉灰白色，厚1.5～2.0mm。菌褶直生，肉色，密度低，宽1.8～2.0mm，幼嫩时分泌乳汁。菌柄长3.2～6.0cm，直径5～15mm，中生，浅棕红色，中空，圆柱形，向上渐细，脆骨质，基部覆白色细纤毛。担孢子（7.0～8.5）μm×（6.0～7.0）μm，椭圆形，少数球形，有0.5～1.0μm高的纹饰。
▶ 生长习性：夏秋季生长在混交林地面，喜湿润的生长环境。分布于金沙县。

**93** 东亚乳菇

▶ 拉丁学名：*Lactarius asiae-orientalis* X.H. Wang

▶ 形态特征：子实体单生，菌盖直径3.7cm，中间厚度为8mm，平展，中部稍内陷；中心红棕色，具有淡棕色和淡黄色相间的环纹。菌肉厚达2mm，淡黄色。菌褶宽达5mm，淡黄色，直生，密度高，不等长。菌柄长4.6cm，直径10～12mm，黄棕色，中生，棒状或圆柱形，肉质，内部中空，表面光滑。担孢子（5.1～6.5）μm×（4.3～5.1）μm，椭圆形至近球形，表面粗糙不光滑。

▶ 生长习性：夏秋季生长在混交林地面，喜湿润的生长环境。分布于大方县和金沙县。

## 94 橙褐乳菇

- ▶ 拉丁学名：*Lactarius aurantiobrunneus* X.H. Wang
- ▶ 形态特征：菌盖直径2.5～3.0cm，初平展，后中部下陷；土黄色，中心棕黑色，中心具有棕色的小乳突，表面干，中外部密布皱纹，少数中心开裂。菌肉厚0.5～1.0mm，灰白色。菌褶直生，密，不等长，淡黄色。菌柄长3～7cm，直径0.5～1.0cm，圆柱形，中生，基部稍膨大，并覆有棕红色纤毛，下部红棕色。乳汁水样色或淡乳色，不变色。担孢子（7.0～8.5）μm×（6.5～8.0）μm，近球形至椭圆形，表面有1～2μm纹饰和疣突。
- ▶ 生长习性：夏秋季生长于混交林地面，喜湿润的生长环境。分布于纳雍县和赫章县。

## 95 棕红乳菇

- ▶ 拉丁学名：*Lactarius badiosanguineus* Kühner & Romagn.
- ▶ 形态特征：菌盖直径6cm，中间厚度为15mm，平展，中部下陷，边缘内卷，呈波浪状，薄，暗红色。菌肉厚达1mm，灰白色或粉红色。菌褶宽达5mm，浅灰白色或粉红色，直生，密度中，不等长。菌柄长6.5cm，直径8mm，红棕色或褐色，中生，圆柱形，纤维质，内部中空。担孢子（7.0～9.0）μm×（5.5～7.0）μm，椭圆形，淡棕色，有0.5～1.0μm 高的纹饰，内部有条纹或网状的淀粉样疣突。
- ▶ 生长习性：夏秋季单生在针叶林地面，喜湿润的生长环境。分布于威宁彝族回族苗族自治县。

## 96 鸡足山乳菇

▶ 拉丁学名：*Lactarius chichuensis* W.F. Chiu

▶ 形态特征：菌盖直径3.7cm，平展，中心下凹，边缘内卷，呈小波浪状；褐黄色，中心色稍深，呈水渍状，表面湿。菌肉厚达2mm，与菌盖同色或色稍淡。菌褶宽达2mm，褐黄色，直生，密，不等长。菌柄长5.1cm，直径2.1cm，褐黄色，中生，圆柱形，肉质，内部松软。担孢子（5.9～7.3）μm×（5.2～7.1）μm，椭圆形，表面具由平行的脊和相连或离散的疣排列的典型斑马纹。

▶ 生长习性：夏秋季单生在针叶林地面，喜湿润的生长环境。分布于大方县。

## 97 黄汁乳菇

▶ 拉丁学名：*Lactarius chrysorrheus* Fr.

▶ 形态特征：菌盖直径3cm，平展，边缘稍内卷；黄棕色，表面湿，有环纹，边缘色稍浅。菌肉厚达3mm，黄色。菌褶3mm，与菌盖同色或色稍淡，直生，密度中，不等长且分叉，有白色乳汁，分泌后很快变成淡黄绿色。菌柄长3cm，直径6mm，浅粉色，基部棕色，中生，圆柱形，肉质，内部中空。担孢子（6.0 ~ 9.0）μm×（5.5 ~ 6.5）μm，椭圆形。

▶ 生长习性：夏秋季生长于混交林地面，喜湿润的生长环境。分布于毕节市。

## 98 松乳菇

▶ 拉丁学名：*Lactarius deliciosus* (L.) Gray
　　　　　　≡ *Agaricus deliciosus* L.

▶ 形态特征：菌盖直径4.0 ~ 6.8cm，扁半球形至平展，中央下凹，边缘内卷；橘黄色或浅黄色，湿时稍黏，有同心环纹。菌肉近白色至淡黄色或黄色，菌柄处颜色深，伤后呈青绿色，具菌香味。菌褶直生，较密，橘黄色，伤后或老后缓慢变绿色。乳汁橙色至胡萝卜色，与空气接触后呈酒红色。菌柄长2 ~ 6cm，直径0.8 ~ 1.7cm，圆柱形，肉质，内部中空，与菌盖同色，具有深色窝斑。担孢子（7.0 ~ 9.5）μm×（6.0 ~ 8.0）μm，椭圆形或圆形，有不完整网纹和离散短脊，近无色至带黄色，淀粉质。

▶ 生长习性：夏秋季生长在针叶林地面，喜湿润的生长环境。分布于威宁彝族回族苗族自治县。

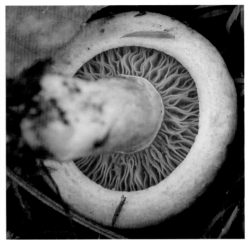

## 99 软鳞乳菇

▶ 拉丁学名: *Lactarius furfuraceus* X.H. Wang

▶ 形态特征: 子实体细小。菌盖直径1 ~ 4cm，初为半圆形，中间有锥形突起，随着不断成熟，逐渐平展，最后中部凹陷；暗红褐色，常褪色至橙棕色或淡棕色，表面湿或干，表面有似块状的水渍状斑纹。菌肉薄，灰白色。菌褶直生或稍下延，密或稠密，幼嫩时近白色至淡棕色，成熟后浅红色至棕色，较宽，1 ~ 3mm。菌柄长5.5cm，直径1 ~ 8mm，圆柱形，中空，光滑或基部具丝状物，表面干，红棕色，上部淡棕色。担孢子（8.0 ~ 9.5）μm ×（7.0 ~ 8.0）μm，近球形至椭圆形，表面具疣突或散乱的脊状物，不连接成网，无色至近无色。

▶ 生长习性: 夏秋季单生、散生或群生于针叶林或阔叶林地面。分布于纳雍县。

## 100 宽褶黑乳菇（绒褐乳菇）

▶ 拉丁学名：*Lactarius gerardii* Peck

▶ 形态特征：子实体小至中等大。菌盖直径6cm，中间厚度为3mm，扁半球形至近平展，中部下凹，边缘伸展，呈波纹状；污黄褐色至黑褐色，似绒状，湿时黏。菌肉白色，菌肉厚达9mm。菌褶白色至污白色，菌褶宽达6mm，边缘深褐色，密度低，不等长，直生。菌柄近圆柱形，长4.3cm，直径7mm，与菌盖同色，空心。担孢子近球形，表面有明显网纹，大小为（7.0 ~ 10.0）μm ×（7.5 ~ 9.0）μm。

▶ 生长习性：夏季单生、散生或群生于林地。分布于纳雍县。

## 101 红汁乳菇

▶ 拉丁学名：*Lactarius hatsudake* Nobuj. Tanaka

▶ 形态特征：菌盖直径4.5 ~ 9.2cm，扁半球形至平展，中央凹陷，边缘内卷；灰红色至淡红色，有不清晰的环纹或无环纹，表面有窝斑。菌肉厚达2mm，淡红色。菌褶宽达4mm，淡酒红色，直生，密度中，不等长，伤后或成熟后缓慢变蓝绿色。菌柄长3cm，直径1.7cm，淡紫红色，中生，圆柱形，肉质，内部中空，表面较光滑。担孢子（7.6 ~ 10.0）μm ×（5.8 ~ 7.5）μm，椭圆形，近无色，有完整至不完整的网纹，淀粉质。

▶ 生长习性：夏秋季生长在杂木林地面，喜湿润的生长环境。分布于织金县。

## 102 思茅乳菇

▶ 拉丁学名：*Lactarius kesiyae* Verbeken & K.D.Hyde

▶ 形态特征：菌盖直径 3.5cm，幼时突起，后渐平展至中央凹陷，边缘梳状内卷；乳白色，表面光滑，湿时黏。菌肉淡白色，厚4.5mm。乳汁白色或透明。菌褶宽 3mm，直生至延生，近白色至淡橙红色，较密，不等长。菌柄长4cm，直径8mm，圆柱形，中生，红棕色，向下色渐深，空心。担孢子（5.5 ~ 7.1）μm×（5.5 ~ 7.0）μm，球形至近椭圆形，有明显的脊纹和疣点，多数脊相互交叉形成不完整的网纹，淀粉质。

▶ 生长习性：春秋季散生于马尾松与阔叶树的混交林地面，喜湿润的生长环境。分布于毕节市。

## 103 蒙托亚乳菇

- ▶ 拉丁学名：*Lactarius montoyae* K. Das & J.R. Sharma
- ▶ 形态特征：菌盖直径5.8cm，幼嫩时半圆形，后平展，中间凹陷呈漏斗形；棕灰色，中心色稍深，表面有灰白色斑点，表面干。菌肉厚达2mm，黄白色，乳汁少。菌褶宽达8mm，黄白色，直生，密度中，不等长。菌柄长5.8cm，直径1cm，棕灰色，中生，近圆柱形，肉质，内部中空，表面不黏。担孢子（7.5～10.0）μm×（7.3～9.3）μm，球形至近球形，有不规则的纹饰，淀粉质。
- ▶ 生长习性：夏秋季单生在针叶林地面，喜湿润的生长环境。分布于赫章县。

## 104 平乳菇

- ▶ 拉丁学名：*Lactarius parallelus* H. Lee，Wisitr. & Y.W. Lim
- ▶ 形态特征：菌盖直径5～6cm，初为半球形，后平展，中部稍下陷，边缘波浪状；黄棕色或褐棕色，表面有深棕色环纹且覆棕红色绒毛，表面干。菌肉白色或污白色。菌褶宽达1.5mm，直生，稍密，不等长，灰黄色。乳汁较少。菌柄长5～9cm，直径1.5～1.8cm，中生，圆柱形，向下渐细，成熟后空心，淡棕色，表面光滑。担孢子（6.0～7.6）μm×（4.8～6.4）μm，近球形至椭圆形，覆有1.4μm高的纹饰。
- ▶ 生长习性：生于混交林地面。分布于毕节市。

## 105 静生乳菇

▶ 拉丁学名：*Lactarius quietus* (Fr.) Fr.

　　　　　≡ *Agaricus quietus* Fr.

▶ 形态特征：菌盖直径3.7cm，宽斗笠形，边缘下弯且较薄；黄棕色，中间红棕色，边缘淡棕色，有条纹，表面湿。菌肉厚达2mm，淡棕色。菌褶宽达5mm，黄色，直生，密度中，不等长。菌柄长4.6cm，直径1.2cm，淡黄色，中生，圆柱形，内部中空，表面光滑。担孢子具小疣，有不完全的网纹，(6.0 ~ 9.0) μm × (6.0 ~ 7.5) μm。

▶ 生长习性：生长于阔叶林湿润地面。分布于大方县。

## 106 香亚环乳菇

▶ 拉丁学名：*Lactarius subzonarius* Hongo.

▶ 形态特征：菌盖直径4.3cm，初期为半球形，后平展，中央脐状，边缘向下弯曲；中间红褐色，周围浅黄色，有轮纹。菌肉近柄处厚2mm，淡棕色。菌褶稍密，直生，淡红棕色。菌柄长6cm，直径1.5cm，中生，圆柱形，成熟后空心，中部弯曲。担孢子(7.4～8.8)μm×（6.9～8.3）μm，椭圆形至球形，由较粗的条脊相连形成不完整的网纹，具少量孤立的疣突。

▶ 生长习性：秋季在阔叶混交林中的苔藓间散生或群生，喜湿润的生长环境。分布于金沙县。

## 107 易烂乳菇

▶ 拉丁学名：*Lactarius tabidus* Fr.

▶ 形态特征：菌盖直径2.1cm，中部凹陷，宽喇叭状；表面红棕色，中间深红褐色，表面覆白色绒毛。菌肉厚1mm，淡红棕色。菌褶宽达3mm，不等长，浅橙色，直生，密度中。菌柄长3.2cm，直径5mm，深褐色，圆柱形，上部和下部较细，表面有白色绒毛，内部中空。担孢子（7.2～9.3）μm×（5.8～7.2）μm，椭圆形，表面不光滑，有突起。

▶ 生长习性：单生于阔叶林地面，喜湿润的生长环境。分布于大方县。

## 108 鲜艳乳菇

▶ 拉丁学名：*Lactarius vividus* X.H. Wang，Nuytinck & Verbeken

▶ 形态特征：菌盖直径6cm，初为半球形，后平展，中心稍凹陷，边缘向上翘，呈波浪状；表面湿润，橘黄色，表面有白色绒毛。菌肉淡橘黄色。菌褶宽0.5cm，密，直生，不等长，灰橘黄色。菌柄长3cm，直径1cm，稍侧生，圆柱形，橙黄色，内部中空。担孢子（6.8 ~ 10.5）μm×（5.3 ~ 7.1）μm，椭圆形，表面不光滑，有网状纹饰，具小尖。

▶ 生长习性：夏秋季单生在针叶林地面，喜湿润的生长环境。分布于赫章县。

## 109 亚祖乳菇

▶ 拉丁学名：*Lactarius yazooensis* Hesler & A.H. Sm.

▶ 形态特征：子实体中等大小，菌盖直径3.5cm，中部凹陷，边缘内卷；浅黄色、浅黄褐色至奶油黄褐色，中心色深或与边缘同色，具明显的同心环纹，有时呈水渍状，黏。菌肉厚3mm，近白色至奶油色。菌褶宽 3mm，直生，密，奶油色、淡黄色。菌柄长2.5～6.0cm，直径0.8～1.5cm，圆柱形，等粗或向下渐细，白色，具深色窝斑，靠近菌柄基部窝斑数量较多。乳汁白色，不变色或缓慢变黄色至硫黄色，味辛辣。担孢子（7.8～10.1）μm×（6.7～8.0）μm，椭圆形，纹饰高 0.4～1.5μm，似斑马纹状，纹间偶有相连，具孤立的疣突。

▶ 生长习性：夏秋季单生于林中针叶树地面。分布于赫章县。

## 110 淡黄多汁乳菇（近似种）

▶ 拉丁学名：*Lactifluus* cf. *luteolus* (Peck) Verbeken

▶ 形态特征：子实体中等大小。菌盖直径3～8cm，初期半球形，后平展，中部下凹，边缘内卷；橙黄色或淡黄褐色，无环纹或有不明显的环纹，具微细小绒毛，表面干燥且稍皱。菌肉白色，伤处变褐。乳汁白色，接触空气变褐色。菌褶直生，白色至淡黄色，伤变褐色，密而窄，不等长。菌柄长2.5～4.5cm，直径0.5～1.0cm，上下等粗，近白色至淡黄色，表面有粉状或绒状物。担孢子（6～8）μm×（4～5）μm，近球形至椭圆形，表面具小刺。

▶ 生长习性：夏秋季单生或群生于林地。分布于纳雍县。

## 111 香菇

▶ 拉丁学名：*Lentinula edodes* (Berk.) Pegler
　　　　　　≡ *Agaricus edodes* Berk.

▶ 形态特征：菌盖直径4.9 ~ 9.5cm，初期半球形，后平展；浅褐色或红褐色，具白色鳞
片，后变为深色鳞片。菌肉厚达5mm，白色，肉质，柔软，有菌香味。菌
褶白色，密，弯生，不等长。菌柄长3.2 ~ 8.0cm，直径1.3 ~ 2.0cm，中
生或偏生，常向一侧弯曲，圆柱形，向下渐细，灰白色，有绒毛，纤维质，
中实。担孢子（4.5 ~ 7.0）μm×（3.0 ~ 4.0）μm，椭圆形至卵圆形，光滑，
无色。

▶ 生长习性：夏秋季单生于混交林以及核桃树、栗树、马桑树等的倒木上，腐生生活。
可食用。分布于大方县。

## 112 奸狡环柄菇

▶ 拉丁学名：*Lepiota apatelia* Vellinga & Huijser
▶ 形态特征：菌盖直径3～4cm，初期钟形，后平展，中央稍突起，边缘稍外翘，有
　　　　　残留的白色菌幕；白色，菌盖中央颜色稍深，呈棕色，有白色小鳞片覆盖
　　　　　在乳白色的表皮上。菌褶白色，离生，密度中，不等长。菌肉白色。菌环
　　　　　上位，白色，易脱落。菌柄高3～5cm，直径5mm，圆柱形，上部白色，
　　　　　下部红棕色，稍弯，表面有纤毛。担孢子（4.2～5.5）μm×（2.5～3.4）
　　　　　μm，光滑，椭圆形，淀粉质。
▶ 生长习性：夏季单生或群生于林地。分布于毕节市。

## 113 肉褐色环柄菇（近似种）

▶ 拉丁学名：*Lepiota* cf.*brunneoincarnata* Chodat & C. Martín
▶ 形态特征：菌盖直径2～4cm，初期近球形至半球形，成熟后近平展；灰白色的表
　　　　　皮上覆有棕红色小鳞片，中央鳞片密集，颜色变深为棕红色。菌肉粉白
　　　　　色，近表皮处带肉粉色。菌褶离生，稍密，不等长，白色带粉色。菌柄长
　　　　　3～6cm，直径3～7mm，圆柱形，向上渐细，上部乳白色，下部淡红棕
　　　　　色，有红棕色纤毛，空心。菌环上位，不典型，为外菌幕残余物。担孢子
　　　　　（7.0～8.9）μm×（4.0～5.5）μm，椭圆形至卵圆形，光滑，无色，拟糊精质。
▶ 生长习性：夏秋季群生或单生于林地。分布于大方县。

## 114 栗色环柄菇

▶ 拉丁学名：*Lepiota castanea* Quél.

▶ 形态特征：子实体小。菌盖直径1.6cm，浅半球形，中央稍突起；表面土褐色至浅栗色，有褐色粒状小鳞片，中部色深。菌肉厚达0.5mm，白色。菌褶宽达3mm，白色，离生，密度中，不等长。菌柄长3cm，直径3mm，中生，圆柱形，纤维质，内部中空，红棕色，覆有红棕色绒毛。菌环上位，不明显。孢子印白色。担孢子（10～12）μm×（4～5）μm，近梭形，光滑，无色，拟糊精质。

▶ 生长习性：夏秋季单生或群生于混交林地面，喜湿润的生长环境。分布于织金县。

## 115 细环柄菇

▶ 拉丁学名：*Lepiota clypeolaria* (Bull.) P. Kumm.

≡ *Agaricus clypeolarius* Bull.

▶ 形态特征：菌盖直径2.7cm，初期半球形，后稍平展，边缘有白色菌幕残片；黄棕色，有浅褐色点状鳞片，中部鳞片密，呈深棕色。菌肉厚达2mm，白色。菌褶宽达4mm，白色，离生，密度中，不等长。菌柄长5.7cm，直径4mm，白色，中生，圆柱形，向上渐细，纤维质，内部中空，中下部覆有白色絮状绒毛。菌环白色，不明显，易脱落。担孢子（11～16）μm×（4～6）μm，梭形或纺锤形，光滑，无色。

▶ 生长习性：夏秋季单生于阔叶林湿润地面。分布于大方县。

## 116 梭孢柄环菇

▶ 拉丁学名：*Lepiota magnispora* Murrill

▶ 形态特征：菌盖直径4.5cm，初期半球形或浅半球形，成熟后近平展；黄棕色，中部色深，黄色点状鳞片呈不明显的环形分布。菌肉厚达2mm，白色。菌褶宽4mm，白色，直生，密度中，不等长。菌柄长4.5cm，直径6mm，白色，中生，圆柱形，向上渐细，有白色至棕色絮毛状鳞片，内部中空。菌环白色，不明显。担孢子（15.0～19.0）μm×（4.5～5.5)μm，椭圆形至卵圆形，光滑，无色，拟糊精质。

▶ 生长习性：夏秋季单生于阔叶林湿润地面。分布于纳雍县和大方县。

**117** 假褐鳞环柄菇

▶ 拉丁学名：*Lepiota pseudolilacea* Huijsman

▶ 形态特征：菌盖直径3.7cm，初期半球形，成熟后近平展，中央稍凹陷，边缘微上翘；灰白色表皮上有棕褐色鳞片呈环形分布，中部色较深，呈棕褐色。菌肉薄，白色。菌褶宽4mm，白色，离生，密度中，不等长。菌柄长3.7cm，直径3mm，中生，圆柱形，纤维质，内部中空，上部灰白色，下部淡灰棕色。菌环上位，不明显，易脱落。担孢子（8.1 ～ 10.3）μm×（4.0 ～ 5.5）μm，椭圆形至卵圆形，光滑，无色。

▶ 生长习性：夏秋季单生于针叶林湿润地面。分布于织金县。

## 118 近栗色环柄菇（近似种）

▶ 拉丁学名：*Lepiota* cf.*subcastanea* J.F. Liang & Zhu L. Yang
▶ 形态特征：菌盖直径1.6cm，初期半球形，成熟后近平展，中央稍突起，边缘稍外翻；黄棕色，具小块褐色鳞片，中部颜色深，呈黄褐色，表面湿。菌肉薄，白色。菌褶宽3mm，白色，直生，密度中，不等长。菌柄长3cm，直径2mm，中生，圆柱形，纤维质，内部中空，棕黄色，向下色渐深。菌环上位，不典型，不明显，易脱落。担孢子（9.0～10.5）μm×（3.3～4.7）μm，椭圆形或纺锤形，光滑，无色。
▶ 生长习性：夏秋季单生于混交林地面，喜湿润的生长环境。分布于大方县和织金县。

## 119 毒环柄菇

▶ 拉丁学名：*Lepiota venenata* Zhu L. Yang & Z.H. Chen
▶ 形态特征：菌盖直径3.8cm，初期半球形，成熟后近平展，菌盖不平滑有凹陷；淡棕红色，中部为红棕色，边缘薄且色淡。菌肉薄，白色。菌褶宽4mm，白色，直生，密度中，不等长。菌柄长8.6cm，直径7mm，棕色，中生，圆柱形，纤维质，内部中空，下部有棕色絮状绒毛。菌环不明显，易脱落。担孢子（5.0～7.5）μm×（3.2～5.0）μm，椭圆形，光滑，无色。
▶ 生长习性：夏秋季单生于针叶林湿润地面，喜湿润的生长环境。分布于织金县。

**120 紫晶香蘑**

▶ 拉丁学名：*Lepista nuda* (Bull.) Cooke
　　　　　≡ *Agaricus nudus* Bull.

▶ 形态特征：子实体中等大小。菌盖直径4～10cm，半球形至平展，有时中部稍凹，边缘内卷；紫色或丁香紫色，后期变为褐紫色、淡紫色、淡棕色，湿润，光滑。菌肉淡紫色，较厚。菌褶紫色，密集，直生至稍延生，不等长，往往边缘呈小锯齿状。菌柄长4～9cm，直径0.5～2.0cm，中生，圆柱形，与菌盖同色，上部有白色絮状粉末，中实，基部稍膨大。担孢子（4.9～8.1）μm×（3.2～5.3）μm，球形，近光滑，无色。

▶ 生长习性：春秋季散生、群生于针阔混交林地面。可食用。分布于纳雍县。

### 121 紫白环伞

▶ 拉丁学名：*Leucoagaricus purpureolilacinus* Huijsman

▶ 形态特征：菌盖直径5cm，平展，中心下陷，边缘开裂；红棕色，中部深棕色，有紫红色束状纤毛，表面干。菌肉厚达1mm，白色。菌褶宽达1mm，白色，离生，密，不等长。菌环脱落。菌柄长8.5cm，直径7mm，白色，中生，棒状，纤维质，向上渐细，内部中空。担孢子（7.5～8.5）μm×（4.5～5.0）μm，椭圆形至卵圆形，光滑，灰褐色。

▶ 生长习性：秋季散生于混交林湿润地面，腐生生活。分布于赫章县。

### 122 丝盖白环蘑

▶ 拉丁学名：*Leucoagaricus serenus* (Fr.) Bon & Boiffard

　　　　　 ≡ *Agaricus serenus* Fr.

▶ 形态特征：菌盖直径1.7cm，圆形或浅半球形，后平展，薄；白色。菌肉厚达2mm，白色。菌褶宽达3mm，白色，弯生，密度中，不等长。菌柄长4.7cm，直径4mm，白色，中生，细长棒状，基部变粗，呈杵状，内部中空。担孢子（7.30～8.80）μm×（4.34～5.55）μm，椭圆形至卵圆形，光滑，壁厚。

▶ 生长习性：秋季散生于混交林湿润地面，腐生生活。分布于大方县。

## 123 亚紫白环伞

▶ 拉丁学名：*Leucoagaricus subpurpureolilacinus* Z.W. Ge & Zhu L. Yang

▶ 形态特征：菌盖直径2.7cm，初为半球形，后平展，边缘下弯且不平整；灰黄色，中心棕色，表面具不明显灰色鳞片。菌肉厚达1mm，白色。菌褶宽达4mm，白色，直生，密，不等长。菌环白色，上位。菌柄长4.3cm，直径6mm，白色，中生，圆柱形，向下渐粗，内部中空，表面较光滑。担孢子（8.0～9.0）μm×（4.5～6.0）μm，椭圆形至卵圆形，光滑，壁较薄。

▶ 生长习性：秋季单生于杂木林湿润地面。分布于织金县。

## 124 黄鳞小菇

▶ 拉丁学名：*Leucoinocybe auricom* (Har. Takah.) Matheny

　　　　　　 ≡ *Mycena auricoma* Har. Takah.

▶ 形态特征：菌盖直径1.0～3.5cm，长桶状至平展；顶端有橘黄色鳞片，有条纹，边缘色较浅。菌肉薄。菌褶米色至淡黄色。菌柄长2.0～3.5cm，直径1～3mm，棒状，有沟槽，基部稍膨大，橘黄色，成熟后颜色向上渐淡，空心。担孢子（5～7）μm×（3～4）μm，椭圆形，光滑，无色，淀粉质。

▶ 生长习性：夏秋季生于林中腐木上。分布于纳雍县。

## 125 白锦丝盖伞（近似种）

▶ 拉丁学名：*Mallocybe* cf. *leucoloma* Kühner

▶ 形态特征：菌盖直径3.5～4.5cm，初期钟形，成熟后近平展，中部稍突起；黄色，边缘色淡，密被黄色绒毛。菌肉灰白色。菌褶较密，直生至近离生，黄褐色。菌柄长4.5～6.5cm，直径7.0～8.5mm，圆柱形，实心，呈深褐色，基部覆白色菌丝。担孢子（7.6～9.2）μm×（3.7～5.1）μm，椭圆形至近豆形，淡褐色，小尖不明显。

▶ 生长习性：夏秋季单生于针叶林地面。分布于赫章县。

## 126 紫褶茸盖丝盖伞

▶ 拉丁学名：*Mallocybe myriadophylla* (Vauras & E. Larss.) Matheny & Esteve-Rav.
  ≡ *Inocybe myriadophylla* Vauras & E. Larss.

▶ 形态特征：菌盖直径2.3cm，半圆形，边缘下弯；黄色至浅棕色，中部颜色较深，呈棕色，表面覆绒毛。菌肉厚达2mm，黄色。菌褶宽达3mm，淡黄色，直生，密度中，不等长。菌柄长5.3cm，直径5mm，中生，近圆柱形，灰棕色，基部白色，有银丝状纤毛，中实，后变空。担孢子（7.9～9.6）μm×（4.7～5.5）μm，椭圆形至豆形，光滑。

▶ 生长习性：夏秋季单生于阔叶林地面，喜湿润的生长环境。分布于大方县。

## 127 棕细裸脚伞（近似种）

▶ 拉丁学名：*Marasmiellus* cf. *brunneigracilis* (Corner) J.S. Oliveira

▶ 形态特征：菌盖直径3cm，初为半圆形，后近平展，中部稍下凹，边缘内卷，呈波浪状；淡锈红色，中心棕黄色，表面干，光滑。菌肉淡黄色，薄。菌褶宽3mm，直生，深褐色，较密，不等长。菌柄长3cm，直径3mm，中生，圆柱形，中空，基部通常较膨大，表面覆淡锈红色纤毛，内部松软，基部有白色纤毛。担孢子（9.0～12.8）μm×（4.0～6.1）μm，椭圆形，光滑，壁薄。

▶ 生长习性：夏秋季单生在针叶林或路边的地面、树枝或枯枝上，腐生生活，喜湿润的生长环境。分布于毕节市。

## 128 褐孢小皮伞（近似种）

▶ 拉丁学名：*Marasmius* cf. *brunneospermus* Har. Takah.

▶ 形态特征：菌盖直径1.5～5.5cm，幼时圆锥形至半球形，后期扁平至稍凹陷，边缘上翘，有条纹；灰白色至棕色。菌肉灰白色。菌褶弯生，黄白色，不等长，密度中。菌柄长3～6cm，直径2.5～6.0mm，浅棕色，细长，棍棒状，完全被白色绒毛，之后脱落。担孢子（6.4～8.0）μm×（2.4～3.6）μm，椭圆形，光滑，透明，壁薄。

▶ 生长习性：夏秋季单生于地面。分布于大方县。

## 129 曲脉微皮伞（近似种）

▶ 拉丁学名：*Marasmiellus* cf. *venosus* Har. Takah.

▶ 形态特征：菌盖直径0.6 ~ 2.3cm，平展呈扇生、贝壳形，菌盖边缘微下卷；表面淡红色、肉桂色。菌肉灰白色，薄。菌褶宽达2cm，脆，纤维质，弯曲，密度低。柄短或无柄。

▶ 生长习性：夏秋季叠生于阔叶林枯干上。分布于赫章县。

## 130 铁锈小皮伞（近似种）

▶ 拉丁学名：*Marasmius* cf. *ferrugineus* Berk. & Broome
▶ 形态特征：菌盖直径3.6cm，初为半球形，后平展，边缘呈撕裂状，有明显的条纹；暗紫色，中央颜色加深。菌肉厚达2mm，淡紫灰色。菌褶宽达2mm，淡灰紫色，直生，密度高，不等长。菌柄长3.6cm，直径1.5 ~ 2.0mm，与菌盖同色，圆柱形，脆骨质，表面光滑。担孢子（15.0 ~ 17.5）μm×（3.2 ~ 4.5）μm，近椭圆形。
▶ 生长习性：秋季腐生于混交林地面。分布于大方县。

## 131 宽褶大金钱菌

▶ 拉丁学名：*Megacollybia clitocyboidea* R.H. Petersen，Takehashi & Nagas.
▶ 形态特征：菌盖半径6.5cm，初为半球形，后平展，中心凹陷，边缘微上翘；浅棕褐色，中部色稍深，呈棕褐色，表面有浅棕色、褐色的条纹状纤毛。菌肉白色，厚4mm。菌褶直生，密度中，白色。菌柄中生，长5.6cm，直径1.3cm，圆柱形，肉质，表面不黏，光滑，内部中空，白色。担孢子（6.2 ~ 8.0）μm×（4.4 ~ 6.2）μm，椭圆形，光滑，无色。
▶ 生长习性：夏秋季分布在混交林地面，腐生生活，喜湿润的生长环境。分布于纳雍县和威宁彝族回族苗族自治县。

## 132 沟纹小菇

▶ 拉丁学名：*Mycena abramsii* (Murrill) Murrill
     ≡ *Prunulus abramsii* Murrill

▶ 形态特征：菌盖直径2.0～3.5cm，初为半球形，后为斗笠形，俯视呈圆形，有宽条纹，形成浅沟槽，边缘不平整；淡灰褐色，表面具粉霜，干。菌肉白色，薄。菌褶直生或稍弯生，稀，不等长。菌柄中生，与菌盖同色，长5.0～8.5cm，直径2～3mm，圆柱形，灰白色，脆骨质，表面覆白色纤毛，内部中空。担孢子（7.4～10.1）μm×（4.3～5.5）μm，椭圆形或圆柱形，内含油滴，无色，光滑，壁薄，淀粉质。

▶ 生长习性：夏秋季群生在混交林湿润地面，腐生生活。分布于金沙县。

## 133 棒小菇

▶ 拉丁学名: *Mycena clavicularis* (Fr.) Gillet

≡ *Agaricus clavicularis* Fr.

▶ 形态特征: 菌盖直径8mm, 幼时半球形, 后渐平展且中央稍突起, 表面光滑, 具半透明状条纹, 形成浅沟槽, 边缘幼时平整, 老后开裂; 中央淡褐色或浅灰褐色, 边缘乳白色或灰色。菌肉厚达1mm, 白色, 薄, 易碎。菌褶宽达1mm, 淡棕黄色, 弯生, 密, 不等长。菌柄长4.5cm, 直径1mm, 浅棕黄色, 中生, 脆骨质, 内部中空。担孢子 (6.4 ~ 8.0) μm × (4.3 ~ 4.7) μm, 圆形至椭圆形, 内含油滴, 无色, 光滑, 壁薄, 淀粉质。

▶ 生长习性: 夏秋季单生在混交林地面, 腐生生活, 喜湿润的生长环境。分布于赫章县。

## 134 盔盖小菇

▶ 拉丁学名: *Mycena galericulata* (Scop.) Gray

≡ *Agaricus galericulatus* Scop.

▶ 形态特征: 菌盖直径2.5cm, 半圆形, 后期边缘微上翘, 呈头盔状, 有条纹; 灰色, 边缘色稍淡, 呈灰白色, 有灰棕色条纹状纤毛。菌肉厚达2mm, 灰白色。菌褶宽达1.5mm, 灰白色, 弯生, 密度中, 不等长。菌柄长8.7cm, 直径4mm, 中生, 圆柱形, 脆骨质, 内部中空, 灰白色, 向下色渐深。担孢子 (9.5 ~ 12.0) μm × (7.5 ~ 9.0) μm, 椭圆形, 光滑, 无色, 淀粉质。

▶ 生长习性: 夏秋季单生在针叶林地面, 腐生生活, 喜湿润的生长环境。分布于大方县。

## ⑬⑤ 淡灰小菇

▶ 拉丁学名：*Mycena griseotincta* T.Bau & Q.Na

▶ 形态特征：菌盖直径1.5cm，斗笠形，表面有粉霜物，边缘有条纹；灰白色。菌肉薄，白色。菌褶宽达1mm，灰白色，弯生，密度低，不等长。菌柄长4cm，直径2mm，灰白色，中生，圆柱形，脆骨质，内部中空。担孢子（6.3～8.2）μm×（4.2～4.6）μm，椭圆形，无色，光滑，壁薄，淀粉质。

▶ 生长习性：夏秋季单生在针叶林地面，腐生生活，喜湿润的生长环境。分布于赫章县。

## 136 红汁小菇

▶ 拉丁学名: *Mycena haematopus* (Pers.) P. Kumm.

≡ *Agaricus haematopus* Pers.

▶ 形态特征: 子实体小。菌盖直径1.0～2.5cm，钟形至斗笠形，中心有突起，具放射状长条纹，边缘有残留菌幕；中心褐红色，向四周渐淡呈红棕色，表面光滑，呈湿润水渍状。菌肉薄，淡红色。菌褶直生至稍延生，较稀，污白色带粉色，后呈粉红色或灰黄色。菌柄长5～8cm，直径2～4mm，细长，初期似有粉末，后光滑，基部有灰白色毛，脆骨质，空心，棕褐色。担孢子（7.7～11.1）μm×（5.8～6.9）μm，圆形至椭圆形，无色，光滑，壁薄，内含油滴，淀粉质。

▶ 生长习性: 秋季散生或群生在林内枯枝落叶层或腐木上，喜湿润的生长环境。分布于大方县。

## 137 皮尔森小菇

▶ 拉丁学名: *Mycena pearsoniana* Dennis ex Singer

▶ 形态特征: 菌盖直径3.6cm，半球形，边缘有透明条纹；灰紫色，边缘灰白色。菌肉薄，灰白色。菌褶宽2mm，淡红色，弯生或直生，密度低，不等长。菌柄长3.6cm，直径5mm，棒状，顶端较细，脆骨质，内部中空，紫褐色、灰色或紫色，表面光滑。担孢子（6.6～8.5）μm×（4.0～4.6）μm，圆形至椭圆形，无色，光滑，壁薄，内含油滴，非淀粉质。

▶ 生长习性: 夏秋季散生在针叶林地面，腐生生活，喜湿润的生长环境。分布于大方县。

## 138 铅小菇

▶ 拉丁学名：*Mycena plumbea* P. Karst.

≡ *Agaricus plumbeus* Schaeff.

▶ 形态特征：菌盖直径1.8 ~ 2.7cm，扁平，有半透明的条纹，边缘薄；棕灰色。菌肉薄，白色。菌褶宽1 ~ 4mm，白色，直生，密度中，不等长。菌柄长4.4 ~ 6.0cm，直径2.4 ~ 3.0mm，灰色，中生，近圆柱形，向下渐细，内部松软，表面光滑。

▶ 生长习性：夏秋季散生在阔叶林地面，喜湿润的生长环境。分布于大方县。

## 139 洁小菇（粉紫小菇）

▶ 拉丁学名：*Mycena pura*（Pers.）P.Kumm.

≡ *Agaricus purus* Pers.

▶ 形态特征：菌盖直径1.9～4.2cm，半球形，薄；中部棕色，边缘灰白色。菌肉薄，白色。菌褶宽1～4mm，白色，直生，较密，不等长。菌柄长2.4～5.0cm，直径3～7mm，中生，棒状或圆柱形，脆骨质，内部中空，灰棕色，向下色渐深。担孢子（5.2～7.3）μm×（2.7～3.9）μm，椭圆形至圆柱形，无色，光滑，壁薄，内含油滴，淀粉质。

▶ 生长习性：夏秋季单生或散生在混交林或针叶林的地面，腐生生活，喜湿润的生长环境。分布于威宁彝族回族苗族自治县。

## 140 粉红小菇

▶ 拉丁学名：*Mycena rosella*（Fr.）P. Kumm.

≡ *Agaricus rosellus* Fr.

▶ 形态特征：菌盖直径0.5～2.0cm，幼嫩时呈抛物线形，平展，中央微凹陷，具半透明条纹，具槽，干后皱缩，幼嫩时亮粉红色至棕粉色，通常中央色较深，呈棕红色，干后灰棕色。菌肉薄，淡红色。菌褶宽，灰棕色，直生，较密，不等长。菌柄长2～5cm，直径0.5～2.0mm，圆柱形，通常下半部分弯曲，中空，覆似霜物，后脱落；幼嫩时顶端深棕色，下部浅棕色，成熟时上半部分红棕色至淡粉色，下半部分黄粉色至淡粉色或棕色，基部密被棕黄色纤毛。担孢子（7.5～10.0）μm×（4.0～5.0）μm，光滑，淀粉质。

▶ 生长习性：夏秋季群生在针叶林中。分布于织金县。

## 141 种子小菇（近似种）

▶ **拉丁学名**：*Mycena* cf. *seminau* A.L.C. Chew & Desjardin
▶ **形态特征**：菌盖直径 2.0 ~ 3.2cm，初为半球形，后平展，中央稍突起，边缘稍内卷，呈不规则状；紫红色，边缘灰白色。菌肉薄，白色。菌褶宽达 3mm，白色，直生，密度中，不等长。菌柄长 4.0 ~ 5.2cm，直径 5 ~ 8mm，中生，棒状，中间有凹槽，脆骨质，内部中空，淡紫色，表面有少量纤毛。担孢子（7.6 ~ 8.8)μm ×（3.6 ~ 4.4)μm，细长至圆柱形，光滑，透明，壁薄。
▶ **生长习性**：夏秋季丛生在针叶林地面，腐生生活，喜湿润的生长环境。分布于威宁彝族回族苗族自治县。

## 142 发光小菇（近似种）

▶ 拉丁学名：*Mycena* cf. *sinar* A.L.C. Chew & Desjardin
▶ 形态特征：菌盖直径3.5cm，初为半球形，后平展，中央凹陷，边缘上翘，呈大波浪状，整体呈窄底盘状；棕黄色，边缘灰黄色。菌肉薄，灰白色。菌褶宽5mm，紫白色，弯生，密度低，不等长。菌柄长6.1cm，直径4mm，中生，棒状，内部中空，光滑，淡棕色。担孢子（6.8～7.6）µm×（3.6～4.0）µm，细长至圆柱形，光滑，透明至淡黄色，淀粉质，壁薄。
▶ 生长习性：夏秋季散生在针叶林地面，腐生生活，喜湿润的生长环境。分布于大方县。

## 143 贝壳状革耳

▶ 拉丁学名：*Panus conchatus* (Bull.) Fr.
　　　　　　≡ *Agaricus conchatus* Bull.
▶ 形态特征：菌盖直径4～5cm，平展至中凹，最后呈杯状或漏斗形，盖缘薄，边缘强烈内卷，呈波状或浅裂；表面黄褐色或肉褐色，凹处棕褐色，边缘被绒毛或少量硬毛。菌肉初为肉质，后强韧革质。菌褶延生，常在菌柄顶端的表面稍联合，污白色至淡黄色，边缘粉红色、平滑。菌柄长5～6cm，直径0.6～1.0cm，偏生至中生，圆柱形，实心，表面黄白色，被短绒毛至短硬毛。担孢子（4.5～6.5）µm×（2.5～4.0）µm，椭圆形至短圆柱形，光滑，无色。
▶ 生长习性：夏秋季生于腐木上。分布于纳雍县。

## 144 野生革耳菌

▶ 拉丁学名：*Panus rudis* Fr.

▶ 形态特征：子实体革质。菌盖扇形、贝壳形，边缘稍弯曲；棕褐色，密被棕褐色粗绒毛。菌肉灰白色。菌褶宽达3mm，淡红色或淡紫色，延生，密度中，不等长。菌柄长1.2cm，直径3mm，侧生，上部乳白色，下部棕色，基部覆白色菌丝。担孢子（4.3～6.4）μm×（2.4～4.2）μm，椭圆形，光滑。

▶ 生长习性：夏秋季散生在针叶林中的腐木上，腐生生活。分布于大方县。

## 145 卷边桩菇

▶ 拉丁学名：*Paxillus involutus* (Batsch) Fr.

　　　　　　≡ *Agaricus involutus* Batsch

▶ 形态特征：子实体中等至较大。菌盖直径6cm，初为半球形，后平展，中央稍凹陷，边缘内卷，呈不规则状；棕褐色，表面被棕褐色绒毛。菌肉厚达9mm，淡棕色。菌褶宽达6mm，褐色，直生或延生，密，不等长。菌柄长4.3cm，直径8mm，棕褐色，中生，圆柱形。担孢子锈褐色，椭圆形，光滑，大小为（7～9）μm×（5～6）μm。

▶ 生长习性：夏秋季散生在阔叶林和混交林的地面，喜湿润的生长环境。分布于大方县。

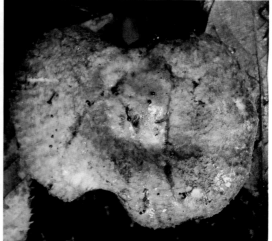

## 146 霍采尼鳞伞

▶ 拉丁学名：*Pholiota chocenensis* Holec & M. Kola ík

▶ 形态特征：菌盖直径1～3cm，初期扁半球形，后期近平展，中部稍突；橙红色，中央色稍深，湿润时稍黏。菌肉厚2～4mm，白色或污白色，后呈淡褐色。菌褶稍弯生，褐色，稍密，不等长。菌柄长3～6cm，直径3～5mm，圆柱形，基部膨大，成熟后空心，淡橙红色。担孢子（5.9～8.3）μm×（3.5～4.4）μm，椭圆形至卵圆形，光滑，灰褐色。

▶ 生长习性：夏季生于林地。分布于纳雍县。

## 147 多环鳞伞

▶ 拉丁学名：*Pholiota multicingulata* E.Horak

▶ 形态特征：菌盖直径1～4cm，初期扁半球形，后平展，中部稍凹陷，少数呈漏斗形，表面光滑，边缘呈撕裂状；橙黄色、橙红色或褐色，中央色稍深。菌肉厚2～4mm，白色或污白色，后呈淡褐色。菌褶直生或稍弯生，褐色，稍密，不等长，淡黄绿色。菌柄长3～6cm，直径3～5mm，圆柱形，成熟后空心，棕褐色。担孢子（7.3～8.2）μm×（4.7～5.2）μm，球形，黄棕色，光滑。

▶ 生长习性：秋季生于林地。分布于大方县和赫章县。

## 148 地鳞伞

▶ 拉丁学名：*Pholiota terrestris* Overh.

▶ 形态特征：菌盖直径2 ~ 6cm，初期扁半球形，后平展至中部稍下凹，边缘内卷；棕色，表面有棕色纤毛。菌肉厚2 ~ 4mm，白色或污白色。菌褶直生，稍密，不等长，初期污白色至淡褐色，成熟后颜色加深呈褐色。菌柄长2.5 ~ 6.0cm，直径2 ~ 4mm，圆柱形，成熟后空心，棕色，覆有与菌盖同色的长绒毛。担孢子（5.0 ~ 7.0）μm×（3.5 ~ 5.0）μm，椭圆形至卵圆形，有芽孔，光滑，黄褐色，非淀粉质。

▶ 生长习性：夏季生于林地。分布于纳雍县。

## 149 金顶侧菇

▶ 拉丁学名：*Pleurotus citrinopileatus* Singer

▶ 形态特征：子实体丛生或簇生。菌盖直径2 ~ 5cm，扇形或贝壳形，稍平展，边缘内卷；表面光滑，金黄色。菌肉厚3 ~ 4mm，淡黄色。菌褶延生，具有小菌褶，密集，白色至米白色。菌柄侧生，长1.5 ~ 3.0cm，直径2 ~ 9mm，黄白色，光滑。担孢子（7.0 ~ 10.0）μm×（2.5 ~ 3.5）μm，近圆柱形至椭圆形，光滑，无色，非淀粉质。

▶ 生长习性：夏末和秋季生于针叶林中的腐木上。食药兼用。分布于大方县。

## 150 桃红侧耳

▶ 拉丁学名：*Pleurotus djamor*（Rumph. ex Fr.）Boedijn
　　　　　　≡ *Agaricus djamor* Rumph. ex Fr.

▶ 形态特征：子实体覆瓦状丛生，淡粉色。菌盖直径3～4cm，贝壳形、匙形或扇形，边缘内卷，具有浅条纹，呈较浅的撕裂状；淡粉色，干后灰白色，表面较光滑，成熟后菌盖中部被绒毛。菌肉灰白色。菌褶延生，淡粉色，褶幅极窄，较薄，褶缘呈锯齿状。菌柄长2～3cm，直径1.0～1.5cm，侧生，被绒毛。担孢子（7.0～10.5）μm×（3.0～4.8）μm，椭圆形，光滑，无色，非淀粉质。

▶ 生长习性：夏秋季生于林中枯木上。分布于威宁彝族回族苗族自治县。

## 151 糙皮侧耳菌

▶拉丁学名：*Pleurotus ostreatus* (Jacq.) P. Kumm.

≡ *Agaricus ostreatus* Jacq.

▶形态特征：菌盖直径5～18cm，覆瓦状丛生，呈扇形、贝壳形或不规则漏斗形，菌盖肉质肥厚柔软；表面颜色受光线的影响而变化，光强色深，光弱色浅，成熟以后变为浅灰色、深棕色或黑灰色等。菌肉白色，稍厚，柔软，肉质。菌褶延生到菌柄，不等长，白色，质脆。菌柄侧生或偏生，白色，中实，长3～5cm，直径1.0～1.5cm，基部覆白色短绒毛。担孢子（10.0～11.3）μm×（3.3～5.0）μm，圆柱形至椭圆形，光滑，无色，非淀粉质。

▶生长习性：夏季丛生于阔叶树的枯木或树桩上。分布于黔西市。

## 152 肺形侧耳

▶拉丁学名：*Pleurotus pulmonarius* (Fr.) Quél.

≡ *Agaricus pulmonarius* Fr.

▶形态特征：菌盖直径1.5～5.0cm，半圆形、扇形或圆形，初期盖缘内卷，后渐平展，中部稍凹陷，盖缘成熟时开裂，呈瓣状；灰白色或黄褐色，表面平滑。菌肉肉质，较硬，复水性强，白色至乳白色。菌褶短，延生至菌柄顶端，菌褶宽2mm，在菌柄处交织，密度中或稍密，不等长。菌柄无或有，如果有菌柄，则长3～8mm，直径4～9mm，偏生、侧生，实心，基部被绒毛。担孢子（7.0～10.0）μm×（3.0～4.5）μm，圆柱形、椭圆形，具明显的尖突，光滑，无色，非淀粉质。

▶生长习性：春、秋和冬季生于林中枯木上。分布于纳雍县和大方县。

## 153 灰光柄菇

▶ 拉丁学名：*Pluteus cervinus* (Schaeff.) P. Kumm.

　　　　　　≡ *Agaricus cervinus* Schaeff. 1774

▶ 形态特征：菌盖直径5.0～9.5cm，初期半球形至凸镜形，后渐平展或平坦，中央凹陷；中央烟褐色、深褐色或焦茶色，外周棕褐色，具丝光。菌肉灰白色带淡红色，厚实。菌褶离生，稠密，灰白色。菌柄长4～10cm，直径0.5～1.0cm，圆柱形，基部稍膨大，灰白色，有深色或黑褐色长纤毛，纤维质。担孢子（5.5～8.0）μm×（4.5～8.0）μm，近球形、椭圆形或卵圆形，光滑，粉红色，非淀粉质。

▶ 生长习性：单生或群生于各种落叶树的腐木上，少部分生于针叶树腐木上。可食用，但质味较差。分布于织金县。

## 154 白光柄菇（近似种）

▶ 拉丁学名：*Pluteus* cf. *pellitus* (Pers.) P. Kumm.

▶ 形态特征：菌盖直径4.0～7.5cm，初为近半球形，后平展，中央稍突起；淡棕黄色，中部稍暗，有棕色纤毛，具丝光。菌肉白色。菌褶淡橘粉色，密，较宽，离生，不等长，边缘锯齿状。菌柄长5～6cm，直径5～7mm，黄白色，具黄白色丝光纤毛，往往弯曲，基部稍膨大，内实。孢子印粉红色。担孢子（5～8）μm×（4～6）μm，近椭圆形，光滑，淡粉红色。

▶ 生长习性：夏秋季单生或群生在腐木上。可食用，但质味较差。分布于金沙县。

## 155 波扎里光柄菇

▶ 拉丁学名：*Pluteus pouzarianus* Singer

▶ 形态特征：菌盖直径1.5cm，初为钟形，后渐平展；棕褐色，覆有棕褐色绒毛，边缘色渐淡。菌肉厚1mm，白色。菌褶宽2mm，白色，密度中，离生，不等长。菌柄长4.3cm，直径4mm，白色，中生，圆柱形，基部膨大呈球茎状，覆有白色菌丝体。担孢子（6.1～8.3）μm×（4.2～5.5）μm，球形，光滑，淡粉红色。

▶ 生长习性：夏秋季散生于针叶林中的腐木上，喜湿润的生长环境。分布于织金县。

## 156 迪奥马小菇

▶ 拉丁学名：*Prunulus diosmus* (Krieglst. & Schwöbel) C. Hahn
　　　　　　≡ *Mycena diosma* Krieglst. & Schwöbel

▶ 形态特征：菌盖直径1.5～3.6cm，中间厚度为3～6mm，半球形，中部稍突起；红棕色，中部色稍深，呈棕黑色，边缘白色，有半透明的条纹，光滑，似水渍状。菌肉厚达2mm，淡棕色。菌褶宽2～3mm，淡红棕色，直生，密度中，不等长。菌柄长3.5～6.1cm，直径2～5mm，棕褐色，直生，棒状或圆柱形，质脆，内部中空，上部覆有白色纤毛。担孢子（7.4～9.8）μm×（3.6～5.4）μm，光滑，果核状，淀粉质。

▶ 生长习性：夏秋季散生在针叶林地面，腐生生活，喜湿润的生长环境。分布于纳雍县、金沙县和大方县。

## 157 卵缘小脆柄菇

▶ 拉丁学名：*Psathyrella phegophila* Romagn.

▶ 形态特征：菌盖直径3.5～4.0cm，初期半球形，成熟后平展，边缘有残留的白色菌幕；棕黄色，表面覆有棕色发丝光的纤毛。菌肉薄，污白色，易碎。菌褶宽4.0～5.5mm，密，直生，不等长，粉红色，边缘齿状。菌柄长3.5～8.5cm，直径3～6mm，脆，中生，棒状，向下渐粗，中下部具明显白色丛毛鳞片，白色，中空。担孢子（6.5～8.5）μm×（4.0～5.2）μm，圆形至椭圆形，在水中呈红褐色，非淀粉质，光滑，顶端具芽孔。

▶ 生长习性：夏秋季散生于混交林落叶层，喜湿润的生长环境。分布于金沙县。

## 158 裂丝盖伞

▶ 拉丁学名：*Pseudosperma rimosum* (Bull.) Matheny & Esteve-Rav.
　　　　≡ *Inocybe rimosa* (Bull.) Kalchbr.
　　　　≡ *Agaricus rimosus* Bull.

▶ 形态特征：菌盖直径3～6cm，初期钟形，成熟后近平展，中部锐突，中外部有皱纹，有水渍状斑点，边缘薄；黄色，边缘色淡，中部颜色加深为棕色。菌褶较密，窄，直生至近离生，黄褐色，边缘色淡。菌柄长5.8～8.5cm，直径3～5mm，圆柱形，较细，实心，红棕色。担孢子（9.0～14.0）μm×（6.1～8.6）μm，椭圆形至卵圆形，光滑，褐色。

▶ 生长习性：夏秋季生于阔叶和针叶林地面。分布于纳雍县。

## 159 卡拉拉裸盖菇

▶ 拉丁学名：*Psilocybe keralensis* K.A. Thomas，Manim. & Guzmán

▶ 形态特征：菌盖直径1～2cm，深灰褐色，斗笠形，成熟后近平展，中央突起，边缘有条纹。菌肉深灰色。菌褶离生，宽3mm，稍密，不等长，灰色。菌柄长6.1cm，直径1.5mm，圆柱形，红褐色，中生，基部覆有白色菌丝，内部中空。担孢子（6.2～9.5）μm×（4.9～6.4）μm，椭圆形至近球形，光滑，暗褐色。

▶ 生长习性：夏秋季散生于混交林地面，腐生生活，喜湿润的生长环境。分布于威宁彝族回族苗族自治县。

## 160 一毛裸脚伞

▶ 拉丁学名：*Pusillomyces asetosus* (Antonín，Ryoo & Ka) J.S. Oliveira
≡ *Gymnopus asetosus* Antonin Ryoo & Ka

▶ 形态特征：子实体单生。菌盖直径0.3～1.5cm，头盔状，中外部有棱纹，边缘薄，呈波浪状；淡棕黄色，中部色稍深，菌盖表面干。菌肉淡黄白色，薄。菌褶离生，白色，密度低，脆。菌柄长5～10cm，直径0.8～1.8mm，圆柱形，中生，脆骨质，棕黑色，向下色渐深。担孢子（6.0～7.8）μm×（2.5～3.5）μm，椭圆形，光滑。

▶ 生长习性：夏秋季生于林地，腐生生活，喜湿润的生长环境。分布于威宁彝族回族苗族自治县。

## 161 乳酪粉金钱菌

▶ 拉丁学名：*Rhodocollybia butyracea* (Bull.) Lennox
≡ *Agaricus butyraceus* Bull.

▶ 形态特征：菌盖直径1.8～3.5cm，初为半球形，后平展或中央凹陷，表面常呈水渍状，边缘有条纹；土黄色，中央颜色深至红棕色，边缘颜色浅至淡黄色。菌肉较薄，气味温和。菌褶直生至近离生，极密，黄白色至污白色，不等长，边缘锯齿状。菌柄长6.3cm，直径4mm，圆柱形，基部膨大，淡黄色至土黄色，干时暗褐色，基部有黄白色至淡黄色细毛，空心，具纵向条纹。担孢子（5.1～7.8）μm×（2.9～4.7）μm，椭圆形，光滑，无色，非淀粉质。

▶ 生长习性：夏秋季单生于混交林湿润地面，腐生生活。分布于大方县和金沙县。

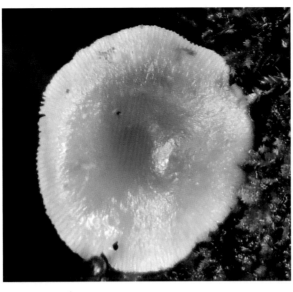

**162 斑金钱菌**

▶ 拉丁学名：*Rhodocollybia maculata* (Alb. & Schwein.) Singer
　　　　　 ≡ *Agaricus maculatus* Alb. & Schwein.

▶ 形态特征：菌盖直径6.5～9.0cm，扁半球形至近扁平，中部或突起或微凹陷，边缘
　　　　　 幼时卷，无条纹；表面淡黄色，中央淡棕色，老后表面带黄色或褐色，中
　　　　　 部平滑无毛。菌肉中部厚，白色，气味温和。菌褶直生，白色或黄色，
　　　　　 密，窄，不等长，褶缘锯齿状。菌柄长6～13cm，直径3～8cm，圆柱
　　　　　 形，细长，近基部常弯曲，软骨质，内部松软至空心，淡黄色。担孢子
　　　　　 (5.9～7.5) μm×(4.1～6.4) μm，近球形，光滑，无色，非淀粉质。

▶ 生长习性：秋季单生于杂木林湿润地面。分布于织金县。

## 163 喀斯喀特山红菇

▶ 拉丁学名：*Russula cascadensis* Shaffer
▶ 形态特征：菌盖直径16.7cm，初为半球形，后平展，中心凹陷，边缘上翘，呈漏斗形；黄白色，表面干燥。菌肉厚达2mm，黄白色，具菌香味。菌褶宽达1.4cm，白色，成熟后浅黄色，直生，密度低，等长。菌柄长6.5cm，直径4.4cm，中生，圆柱形，肉质，内部中空，灰白色。担孢子（6.7 ~ 8.2）μm×（4.8 ~ 6.7）μm，椭圆形至近球形，不光滑，无色，淀粉质。
▶ 生长习性：夏秋季群生于阔叶林地面，腐生生活。分布于赫章县。

## 164 蜡味红菇

▶ 拉丁学名：*Russula cerolens* Shaffer
▶ 形态特征：菌盖直径4 ~ 11cm，幼时扁半球形，成熟后平展呈碟状，中间稍凹，边缘稍内卷，距边缘1/3 ~ 2/3处有小瘤状突起的条纹；幼时灰棕色至黄棕色，中间颜色较深，成熟后边缘颜色变浅至淡灰白色，表面光滑，稍黏。菌肉稍厚，白色。菌褶直生或近离生，等长，具小菌褶，近柄部常有分叉，密，初为白色，后为浅黄色。菌柄长3 ~ 7cm，直径1.0 ~ 2.5cm，近圆柱形或棒状，有时基部稍窄，白色，中实，伤后基部红锈色，具有纵向的纹。味道辛辣，气味难闻，干后具有蜡质气味。担孢子（5 ~ 6）μm×（6 ~ 7）μm，近圆形至椭圆形，浅乳黄色，壁厚，非淀粉质，具乳突状疣突，顶部钝圆。
▶ 生长习性：夏季散生在阔叶树和针叶树下。分布于威宁彝族回族苗族自治县。

## 165 迟生红菇

▶ 拉丁学名：*Russula cessans* A. Pearson

▶ 形态特征：菌盖直径3～8cm，初为半球形，后稍平展，中部突起；深红色至紫红色。菌肉白色，较厚。菌褶奶白色，密度中，直生，等长。菌柄中生，长3～5cm，直径2cm，白色，覆白色绒毛。担孢子（8～9）μm×（7～8）μm，椭圆形或近圆形，表面不光滑。

▶ 生长习性：秋季分布在针叶林地面，腐生生活。分布于威宁彝族回族苗族自治县。

## 166 致密红菇

▶ 拉丁学名：*Russula compacta* Frost
▶ 形态特征：菌盖直径2～5cm，初期扁半球形或近球形，成熟后近平展至中部下凹，边缘呈撕裂状；淡橙红色，湿润时具有黏性。菌肉厚4～6mm，白色或污白色。菌褶直生或延生，稍密，等长，初期乳白色，成熟后颜色加深呈褐色。菌柄长3～6cm，直径5～8mm，圆柱形，基部稍膨大，成熟后空心，受伤变棕色。担孢子（7.1～10.2）μm×（6.3～8.5）μm，椭圆形，表面有0.5μm高的小疣突，形成分散的条纹。
▶ 生长习性：夏季生于林地。分布于织金县。

## 167 奶油色红菇

▶ 拉丁学名：*Russula cremicolor* G.j.Li & C.Y.Deng
▶ 形态特征：子实体小至中等，肉质。菌盖直径3.4～10.5cm，漏斗形。菌肉灰色，肉质，较厚。菌褶白色，等长，密。菌柄长1.8～3.4cm，圆柱形，幼嫩时光滑，成熟时中空，初为白色，后转为棕色、茶色或橄榄色。担孢子（7.7～10.3）μm×（6.5～8.8）μm，透明质，近球形至椭圆形，表面具网状小疣，淀粉质。
▶ 生长习性：夏季生于林地。分布于纳雍县和大方县。

## 168 花盖红菇

▶ 拉丁学名: *Russula cyanoxantha* (Schaeff.) Fr.

≡ *Agaricus cyanoxanthus* Schaeff.

▶ 形态特征: 菌盖直径8cm，中间厚度为8mm，初期半球形，后期渐平展，边缘稍上翘，中央下凹，呈浅漏斗形；暗紫罗兰色、淡青褐色、灰绿色或杂色，条纹不明显。菌肉厚达3mm，淡紫色，气味温和。菌褶宽5mm，白色，直生，密度高，不等长。菌柄长4.5cm，直径1.7cm，中生，圆柱形，肉质，中实到松软，灰白色，下部呈淡粉紫色。担孢子（7.1～11.1）μm×（5.9～8.1）μm，椭圆形至近球形，表面不光滑，有独立的小疣，无色，淀粉质。

▶ 生长习性: 夏秋季单生在针叶林地面，腐生生活，喜湿润的生长环境。分布于赫章县。

## 169 毒红菇

▶ 拉丁学名：*Russula emetica* (Schaeff.) Pers.

▶ 形态特征：菌盖直径4cm，初期近球形至半球形，成熟后近平展，中间略微向下凹，边缘内卷；橙红色，中间颜色略深。菌肉厚3～4mm，白色或污白色。菌褶直生，稍密，有小菌褶，不等长，白色。菌柄长5.5cm，直径1.1～1.5cm，白色，圆柱形，基部稍膨大，成熟后空心。担孢子（8.0～11.0）μm×（7.5～8.5）μm，近球形至椭圆形，表面有不连接似网状的小疣。

▶ 生长习性：夏季生于林地。有毒。分布于织金县。

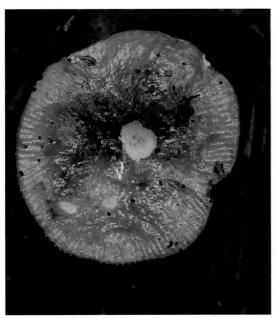 

## 170 臭红菇

▶ 拉丁学名：*Russula foetens* (Pers.)Fr.

▶ 形态特征：菌盖直径3～7cm，初期近球形至半球形，成熟后近平展，中部稍下凹，边缘内卷，具棱纹；浅土黄色。菌肉厚3～4mm，初为白色或污白色，后呈淡褐色。菌褶直生，稍密，等长，初期污白色至白色，成熟后颜色加深，呈灰褐色或有锈点。菌柄长3～6cm，直径7～13mm，圆柱形，污白色，成熟后空心。担孢子（6.2～9.1）μm×（5.4～8.2）μm，近球形，透明，表面有不连接似网状的小疣，高1.5μm。

▶ 生长习性：夏季生于林地。分布于纳雍县和威宁彝族回族苗族自治县。

## 171 灰红菇

▶ 拉丁学名：*Russula grisea* Fr.
≡ *Agaricus griseus* Schaeff.

▶ 形态特征：菌盖直径2 ～ 5cm，半球形，菌盖边缘下弯，呈浅漏斗形；浅绿色，边缘颜色浅且具条纹。菌肉白色，厚2mm，较脆。菌褶直生，白色，密度中，宽4mm，等长。菌柄长5cm，直径1cm，中生，圆柱形，基部稍膨大，白色，脆骨质，表面光滑，内部空心。担孢子椭圆形，有小刺，大小为（4.0 ～ 8.0）μm×（1.0 ～ 2.5）μm。

▶ 生长习性：夏季生于阔叶林地面。分布于金沙县。

## 172 印度白红菇

▶ 拉丁学名：*Russula indoalba* A. Ghosh，Buyck，Baghela，K. Das & R.P. Bhatt
▶ 形态特征：菌盖直径5 ～ 8cm，初期近球形至半球形，成熟后近平展，中部下陷，呈浅漏斗形，边缘下弯；白色，边缘有条纹。菌肉厚达2mm，白色。菌褶宽0.6mm，白色，直生，密度高，等长。菌柄长3 ～ 5cm，直径1.5 ～ 2.0cm，中生，圆柱形，基部变细，肉质，内部实心至空心。担孢子（5.7 ～ 6.5）μm ×（5.3 ～ 5.5）μm，近球形，不光滑，有似网状的小疣，无色，淀粉质。
▶ 生长习性：夏秋季单生或群生于林中湿润地面。分布于威宁彝族回族苗族自治县。

## 173 印度碗状红菇

▶ 拉丁学名：*Russula indocatillus* A. Ghosh，K. Das & R.P. Bhatt
▶ 形态特征：菌盖直径4.0 ～ 5.2cm，初为半球形，成熟后平展至突起或中部下凹；从边缘到中央1/3处有条纹，表面光滑。菌肉白色，较厚，受伤不变色，味道微辣，气味不明显。菌褶直生，宽3 ～ 5mm，密，白色至黄白色，等长。菌柄长3 ～ 6cm，直径5 ～ 8mm，近圆柱形，底部稍缢缩，有纵纹，白色至黄白色，幼时内实，成熟后中空。担孢子（5.2 ～ 6.9）μm ×（4.3 ～ 5.5）μm，近球形至椭圆形，淀粉质，表面有许多不联合的疣状突起，高0.2 ～ 0.5μm，非淀粉质。
▶ 生长习性：夏季生于林地。分布于纳雍县、大方县和金沙县。

## 174 日本红菇

- ▶ 拉丁学名：*Russula japonica* Hongo
- ▶ 形态特征：子实体中至大型，一年生。菌盖直径可达9cm，初期扁半球形或斗笠形，后平展，边缘内卷，最后中央下凹呈漏斗形。菌肉厚，较脆，白色或灰白色。菌褶白色，狭窄，极密，不等长，少数分叉，近延生，后变为浅土黄色。菌柄短粗，中生，长4cm，直径可达2.3cm，脆骨质，灰白色至白色，表面光滑，圆柱形，向下渐细，内部实心或中空。担孢子（5.9～7.2）μm×（4.8～6.1）μm，椭圆形至近球形，具小刺，小刺间偶有连线，不形成网纹，无色，淀粉质。
- ▶ 生长习性：生长在混交林湿润地面，腐生生活。分布于威宁彝族回族苗族自治县。

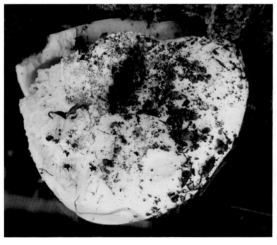

### 175 落叶松红菇

- ▶拉丁学名：*Russula laricina* Velen.
- ▶形态特征：菌盖直径4.3cm，初为半球形，后平展，中央脐形或凹陷，呈浅漏斗形。菌肉黄色或黄白色，厚度1～2mm。菌褶宽2～5mm，乳黄色，较密，离生，等长。菌柄长4.0～5.3cm，直径6～12mm，中生，棒状，基部稍缢缩，白色，肉质，内部中空。担孢子（7.8～9.1）μm×（6.8～8.1）μm，近圆形，有小疣，表面不光滑。
- ▶生长习性：夏秋季单生于针叶林地面，腐生生活，喜湿润的生长环境。分布于威宁彝族回族苗族自治县。

### 176 绒紫红菇

- ▶拉丁学名：*Russula mariae* Peck
- ▶形态特征：菌盖直径6.4～8.4cm，初为半球形，后平展，中央稍凹陷，边缘内卷；浅紫红色，边缘有条纹。菌肉厚3～4mm，白色。菌褶宽4～5mm，白色，直生，密度高，等长。菌柄长5.1～6.0cm，直径2.1～2.2cm，白色至浅紫红色，中生，圆柱形，肉质，先内实后空心，光滑。担孢子无色，球形或近球形，有小刺和网纹，大小为（6.4～8.6）μm×（5.3～8.2）μm。
- ▶生长习性：夏秋季散生在针叶林地面，腐生生活，喜湿润的生长环境。分布于大方县。

## 177 淡味红菇

▶ 拉丁学名：*Russula nauseosa* (Pers.) Fr.

▶ 形态特征：菌盖直径3～14cm，初期半球形，后渐平展，中央凹陷，边缘稍内卷；红色，中部色较暗至暗红色。菌肉较厚，白色，无明显的气味。菌褶白色，干燥时为淡黄色，直生，等长，偶有分叉，密度中。菌柄长3～8cm，直径1.0～2.5cm，圆柱形，纯白色。担孢子无色或浅黄色，近球形，大小为（7.1～12.4）μm×（8.1～11.2）μm，表面有分离的小疣或小刺状纹饰。

▶ 生长习性：夏季散生在阔叶树和针叶树下。分布于织金县。

## 178 香红菇

▶ 拉丁学名：*Russula odorata* Romagn.

▶ 形态特征：子实体中等大小。菌盖直径2.7～5.6cm，初为半球形，后渐平展，中央稍下凹，边缘下弯；菌盖红色，中央色稍深，干后灰黑色，光滑，边缘具短条纹。菌肉白色，较薄，1～2mm。菌褶宽5mm，米白色，干后变土黄色，直生，等长，较密。菌柄圆柱形，向下渐细，白色，长3.6～6.5cm，直径1.1～2.0cm，中实。担孢子（7.3～9.1）μm×（6.0～8.0）μm，椭圆形或近球形，浅黄色，有独立的小疣，淀粉质。

▶ 生长习性：夏秋季生长在混交林地面，腐生生活，喜湿润的生长环境。分布于金沙县。

## 179 佩克红菇（近似种）

▶ 拉丁学名：*Russula* cf. *peckii* Singer

▶ 形态特征：菌盖直径9.5cm，浅半球形，成熟后平展，中央突起，边缘下弯；红色，中央色稍深，呈黑红色。菌肉厚4mm，白色。菌褶宽达9mm，白色，直生，密度高，等长。菌柄长7cm，直径3cm，中生，圆柱形，中实，后中空，白色。担孢子椭圆形至近球形，淀粉质，大小为（7.3～8.8）μm×（5.9～7.1）μm。

▶ 生长习性：夏秋季单生在针叶林地面，腐生生活，喜湿润的生长环境。分布于大方县。

## 180 假淡黄红菇

▶ 拉丁学名：*Russula pseudobubalina* J.W. Li & L.H. Qiu

▶ 形态特征：子实体一般中等大小，少数较大。菌盖直径1.5 ～ 14.0cm，初为半球形，后扁平，成熟后中部稍下凹，边缘幼嫩时内卷，边缘撕裂，呈花瓣状；棕色至深棕色，中部色深。菌肉白色，厚。菌褶直生，稍密，可见分叉，薄，等长，初为白色，后变乳黄色。菌柄圆柱形，长2 ～ 4cm，直径1.5 ～ 2.0cm，近基部稍粗，白色。孢子印白色。担孢子（5.8 ～ 7.0)μm ×（4.7 ～ 5.9）μm，近球形，无色。

▶ 生长习性：秋季单生或群生于林地。分布于威宁彝族回族苗族自治县。

## 181 红色红菇（近似种）

- ▶ 拉丁学名：*Russula* cf. *rosea* Pers.
- ▶ 形态特征：子实体中等大小。菌盖直径5～9cm，扁半球形，后伸展，中央稍突起，边缘撕裂；红色，淡紫红色。菌肉白色。菌褶白色，稍稀，近直生或离生，宽而厚，有分叉和少量小菌褶，褶侧及褶缘囊体顶部尖细，呈梭形。菌柄长4～6cm，直径1～2cm，白色，圆柱形，内部松软。担孢子有刺及网纹，近球形或球形，大小为（7.0～9.5）μm×（6.0～8.0）μm。
- ▶ 生长习性：夏秋季单生或群生混交林地面。分布于纳雍县。

## 182 酱色红菇

- ▶ 拉丁学名：*Russula sanguinea* Fr.
  ≡ *Agaricus sanguineus* Wulfen
- ▶ 形态特征：菌盖直径3cm，中间厚度为2mm，初为半球形，后平展，中央稍凹陷，边缘内卷；红色，中央黑红色。菌肉厚达1mm，白色。菌褶宽1mm，淡黄色，离生，密度中，菌褶弯曲。菌柄长3cm，直径1cm，白色，棒状，肉质，内部中空。担孢子（7～9）μm×（6～7）μm，具独立的小疣，表面不光滑。
- ▶ 生长习性：夏季散生在阔叶树和针叶树下。分布于织金县。

## 183 点柄臭黄菇

▶ **拉丁学名**：*Russula senecis* S. Imai

▶ **形态特征**：菌盖直径3.0～9.5cm，初期近扁半球形至凸镜形，后期渐平展，平展后中部凹陷，边缘反卷；幼嫩时淡棕色，成熟后表面粗糙，具由小疣组成的明显粗条棱，呈黄褐色、污黄色至暗黄褐色，稍黏。菌肉幼嫩时浅黄色，成熟后暗黄色，具腥臭气味。菌褶直生至稍延生，密，污白色至淡黄褐色，边缘具褐色斑点，等长或不等长。菌柄长8～10cm，直径0.6～1.5cm，上下等粗或向下渐细，有时呈近梭形，幼嫩时白色，成熟后污黄色、暗褐色或肉桂褐色，具暗褐色小点，内部松软至空心。担孢子（7.9～9.3）um×（8.1～8.9）um，近球形至卵圆形，具明显刺棱，浅黄色，淀粉质。

▶ **生长习性**：夏秋季单生或群生于阔叶树、针叶树或混交林地面。分布于纳雍县。

## 184 四川红菇

▶ 拉丁学名：*Russula sichuanensis* G.J. Li & H.A. Wen

▶ 形态特征：菌盖直径2～5cm，近球形、半球形至钟形；污白色、白色至淡粉红色，边缘白色，湿时黏。菌肉白色，伤不变色。菌褶白色至淡黄色，有少量短菌褶。菌柄长3～6cm，直径0.7～1.5cm，白色，近光滑。担孢子（9.5～14.0）μm×（8.0～13.0）μm，近球形至球形，有突起并连成网状，近无色至浅黄色，淀粉质。

▶ 生长习性：夏秋季散生在针叶林地面，腐生生活，喜湿润的生长环境。分布于威宁彝族回族苗族自治县。

## 185 黄孢紫红菇

▶ 拉丁学名：*Russula turci* Bres

▶ 形态特征：子实体中等大小。菌盖直径2.5～7.0cm，初为扁半球形，后扁平至近平展，中部稍下凹；紫红色至淡紫色，中部色较深，后期色变淡，有时变黄色或浅黄色，菌盖表面形成微颗粒或小龟裂，边缘平滑或稍有不明显的条纹。菌肉白色。菌褶浅黄白色，直生，厚而脆，不分叉，有横脉，等长。菌柄长3～5cm，直径0.8～1.5cm，圆柱形或棒状，白色，内实变松软至空心。担孢子（7.0～9.0）μm×（6.0～7.5）μm，近球形，棱脊相连近网状，淡黄色，有0.8μm高的小疣突。

▶ 生长习性：夏秋季群生于松林地面。可食用，属树木外生菌根。分布于威宁彝族回族苗族自治县。

## 186 菱红菇

▶ 拉丁学名：*Russula vesca* Fr.

▶ 形态特征：子实体中等大小。菌盖直径3.6 ~ 4.6cm，初期半球形，后渐平展，中央稍凹陷，边缘内卷；红褐色、棕褐色，表面光滑，湿时稍黏，表皮下白色。菌肉白色。菌褶白色，干后变黄色，直生，不等长，较密。菌柄长3.2 ~ 4.5cm，直径1.0 ~ 1.4cm，圆柱形，向下渐细，白色，下部淡黄色，先中实后中空，先光滑后稍粗糙。担孢子（5.8 ~ 8.3）μm×（5.1 ~ 6.2）μm，椭圆形或近球形，浅黄色，有独立的小刺，中间有一大油滴，淀粉质。

▶ 生长习性：夏秋季单生或散生在阔叶林地面。分布于金沙县和威宁彝族回族苗族自治县。

## 187 紫柄红菇

▶ 拉丁学名：*Russula violeipes* Quél.

▶ 形态特征：子实体中等大小。菌盖直径4～9cm，半球形或扁平至平展，中部下凹，边缘开裂；灰黄色，部分红色至紫红色，甚至具酒红色斑纹。菌肉白色。菌褶离生，稍密，等长，乳白色。菌柄长4.5～10.0cm，直径1.0～2.6cm，圆柱形，基部缢缩，表面似有粉末，白色或污黄色，基部浅紫红色，肉质，内部中空。担孢子近球形，有疣和网纹，大小为（5.8～9.8）μm×（6.1～8.9）μm。

▶ 生长习性：秋季分布在混交林地面，腐生生活，喜湿润的生长环境。分布于威宁彝族回族苗族自治县。

## 188 裂褶菌

▶ 拉丁学名：*Schizophyllum commune* Fr.

▶ 形态特征：菌盖直径9～18mm，扇形、贝壳形，边缘内卷，常呈瓣状；灰白色，被绒毛或粗毛。菌肉薄，白色，具菌香味。菌褶白色至灰白色，不等长，褶缘中部纵裂，呈深沟纹。常无菌柄。担孢子（5.0～7.0）μm×（2.0～3.5）μm，椭圆形至腊肠形，光滑，无色，非淀粉质。

▶ 生长习性：散生至群生，常叠生于腐木或腐竹上。幼嫩时可食用，可药用，可栽培。分布于大方县、织金县和金沙县。

## 189 铲状杯伞

▶ 拉丁学名：Spodocybe trulliformis (Fr.) Vizzini，P. Alvarado & Dima

≡ *Clitocybe trulliformis* (Fr.) P. Karst.

≡ *Agaricus trulliformis* Fr.

▶ 形态特征：菌盖直径4.5cm，中间厚度为5mm，平展，中部下陷呈脐形，边缘上翘呈锅状；表面灰黄色。菌肉厚3mm，灰黄色。菌褶宽3mm，白色，延生，密，不等长。菌柄长5.1cm，直径1.5cm，淡棕色，中生，棒球状，向下渐粗，内部中空或松软，表面覆有棕色纤毛。担孢子（4.5～6.0）μm×（2.5～3.5）μm，椭圆形，光滑。

▶ 生长习性：单生于针叶林湿润地面，腐生生活。分布于毕节市。

## 190 近血红小皮伞

▶ **拉丁学名**：*Strobilomyces velutinus* J. Z. Ying
▶ **形态特征**：菌盖直径 2 ~ 4cm，初期呈半圆形，后平展为扇形；浅红褐色，菌盖顶部突起色深，为黑灰色，边缘色淡且薄，有明显的褐色棱纹。菌肉褐色。菌褶离生，稍密，不等长。菌柄长 3 ~ 6cm，直径 5mm，圆柱形，基部稍粗，有白色的短绒毛。担孢子（3.5 ~ 5.0）μm×（2.0 ~ 3.0）μm，椭圆形至近圆形，光滑，无色。
▶ **生长习性**：夏秋季生于林中腐树桩或腐木上。据记载有毒。分布于纳雍县。

## 191 密白松果菇

▶ **拉丁学名**：*Strobilurus albipilatus* (Peck) V.L. Wells & Kempton
　　　　　　≡ *Collybia albipilata* Peck.
▶ **形态特征**：菌盖直径 0.9 ~ 2.4cm，中间厚度为 2 ~ 3mm，半球形至平展；淡黄白色或棕黄色，边缘白色。菌肉厚达 0.8 ~ 1.0mm，白色。菌褶宽达 1.7 ~ 2.0mm，白色，直生，密度高，不等长，分叉。菌柄长 5.0 ~ 8.5cm，直径 1.5 ~ 3.0mm，白色，中生，圆柱形，内部中空。担孢子（3.9 ~ 6.8）μm×（2.0 ~ 3.1）μm，圆柱形，光滑，无色，壁薄。
▶ **生长习性**：夏秋季散生、簇生在松果上。分布于赫章县。

## 192 可食松果菌

▶ 拉丁学名：*Strobilurus esculentus* (Wulfen) Singer
　　　　　≡ *Agaricus esculentus* Wulfen

▶ 形态特征：菌盖直径2～3cm，初期半球形，后平展，但中央凹陷，边缘微上翘；灰白色，中部为淡棕色。菌肉白色，薄。菌褶宽2mm，白色，离生，稍密，不等长。菌柄长6.5cm，直径2mm，中生，圆柱形，顶部白色，中下部棕色，向下色渐深，内部中空。担孢子（6.0～7.5）μm×（3.0～3.5）μm，椭圆形，光滑，无色，壁薄。

▶ 生长习性：夏秋季单生于针叶林湿润地面，腐生生活。分布于纳雍县和赫章县。

## 193 佛罗里达口蘑（近似种）

▶ 拉丁学名：*Tricholoma* cf. *floridanum* (Murrill) Murrill

▶ 形态特征：菌盖直径3～9cm，初期半圆形，后期渐平展，中部突起；棕黑色，周围棕灰色，表面具暗灰色纤毛状物。菌肉稍厚，白色，近表皮处呈浅灰色。菌褶直生至弯生，离生，不等长，初期白色至浅灰色，后期近菌盖边缘呈深灰色，稍密，较窄。菌柄长5～12cm，直径0.8～2.5cm，从上向下逐渐变粗，基部膨大，上部白色，覆有白色绒毛，中部淡黄色，下部白色，有白色绒毛，基部有时呈粉红色，内部实心至松软。担孢子（8.0～10.0）μm×（3.5～4.5）μm，椭圆形至肾形，光滑，在梅尔泽试剂中呈黄色。

▶ 生长习性：夏秋季单生于针叶林地面，喜湿润的生长环境。分布于纳雍县。

## 194 橄榄口蘑

▶ 拉丁学名：*Tricholoma olivaceum* Reschke，Popa，Zhu L. Yang & G. Kost

▶ 形态特征：菌盖直径4～8cm，初期半球形或扁半球形，后期扁平至平展，中央稍突起，边缘呈撕裂状；灰棕色，中部色稍深，表面平滑。菌肉白色。菌褶宽5mm，离生，污白色至象牙白色，密至稍密，不等长。菌柄长9cm，直径1.5cm，近圆柱形，向下渐粗，基部往往连合成一大丛，表面有细线条纹，同菌盖色，幼嫩时坚硬实心，随着成熟变松软至中空。担孢子（4.5～6.0）μm×（3.5～4.0）μm，近球形，光滑，无色，壁薄。

▶ 生长习性：夏秋季单生在阔叶林地面，腐生生活，喜湿润的生长环境。分布于纳雍县。

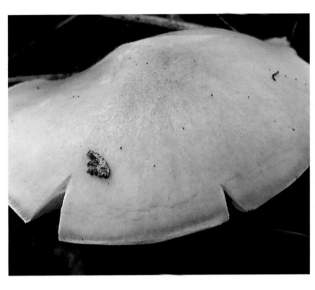

**195 棕灰口蘑**

▶ 拉丁学名：*Tricholoma terreum* (Schaeff.) P. Kumm.
　　≡ *Agaricus terreus* Schaeff.

▶ 形态特征：菌盖直径3.1cm，初期半球形，中部凹陷，边缘向内卷；灰色，中部棕色。菌肉白色，厚5mm。菌褶离生，密度中，灰白色，宽3mm，不等长，边缘齿状。菌柄中生，长4.1cm，直径1cm，白色，圆柱形，向下渐粗，表面有棕褐色条纹，内部实心。担孢子（5.5～7.0）μm×（4.0～5.0）μm，椭圆形，光滑，无色，非淀粉质。

▶ 生长习性：夏秋季单生在针叶林地面，腐生生活，喜干燥的生长环境。分布于威宁彝族回族苗族自治县。

## 196 三叉口蘑

▶ 拉丁学名：*Tricholoma triste* (Scop.) Quél.

　　　　≡ *Agaricus tristis* Scop.

▶ 形态特征：菌盖直径3.5cm，中间厚度为3mm，半球形，中部稍突起，边缘内卷；黑褐色，表面覆黑褐色绒毛。菌肉厚达1mm，深灰色。菌褶宽3mm，灰白色，离生，密度中，不等长。菌柄长5.3cm，直径8mm，灰白色，中生，棒状，基部膨大。担孢子（5.0～6.2）μm×（4.0～4.5）μm，卵形，光滑。

▶ 生长习性：夏季单生于针叶林地面。喜湿润的生长环境。分布于大方县。

## 197 褐黑口蘑

▶ 拉丁学名：*Tricholoma ustale* (Fr.) P.Kumm.

　　　　≡ *Agaricus ustalis* Fr.

▶ 形态特征：菌盖直径2.2cm，初期半球形至钟形，后平展；浅紫红色，中央黄棕色，表面有丝光纤毛。菌肉乳白色。菌褶宽1mm，直生，密度中，淡黄白色，不等长。菌柄长4.5cm，直径2.3cm，中生，棒状，基部膨大，空心，中上部黄棕色，基部有白色菌丝。孢子印白色。担孢子椭圆至卵圆形，无色，光滑，大小为（6～8）μm×（4～5）μm。

▶ 生长习性：夏秋季单生至近丛生在针叶林地面，腐生生活。分布于威宁彝族回族苗族自治县。

## 198 金色拟口蘑

▶ **拉丁学名**：*Tricholomopsis aurea* (Beeli) Desjardin & B.A. Perry
≡ *Marasmius aureus* Beeli

▶ **形态特征**：子实体鲜黄色，成熟后色变淡。菌盖直径2.5～6.0cm，初期半球形，后扁平，中部下凹，边缘内卷，无条纹，表面光滑。菌肉黄色，薄，柔软。菌褶直生，密，淡黄色，不等长。菌柄长2.0～6.5cm，直径3～7mm，中生，少数偏生，圆柱形，基部变细，空心，光滑，淡橘黄色。担孢子无色，光滑，椭圆形至近球形，淀粉质，壁薄，大小为（5.5～6.0）μm×（4.5～5.2）μm。

▶ **生长习性**：夏秋季单生在针叶林地面。分布于纳雍县。

## 199 蕨生拟口蘑

▶ 拉丁学名：*Tricholomopsis pteridicola* Olariaga，Laskibar & Holec
▶ 形态特征：菌盖直径4.1cm，初期半球形，后浅半球形至平展，边缘下弯；棕紫色，中心色稍深，菌盖表面干，有致密紫色绒毛鳞片。菌肉乳白色，肉质，气味温和。菌褶离生，密度中，不等长，淡黄色。菌柄长5.8cm，直径7mm，中生，脆骨质，近圆柱形，基部较细，菌柄呈浅紫红色，表面覆紫红色纤毛，内部实心。担孢子（5.6～6.8）μm×（4.1～5.3）μm，椭圆形至近球形，光滑，壁薄，内含油滴。
▶ 生长习性：夏秋季生长于混交林地面，腐生生活，喜湿润的生长环境。分布于威宁彝族回族苗族自治县。

## 200 赭红拟口蘑（近似种）

▶ 拉丁学名：*Tricholomopsis* cf. *rutilans* (Schaeff.) Singer
▶ 形态特征：菌盖直径3～10cm，初期扁半球形，后渐平展，边缘裂开，呈花瓣状；黄褐色，中部色较深，密被红褐色纤毛鳞片。菌肉厚2～3mm，黄色至黄褐色。菌褶直生，密，淡黄色至黄色。菌柄长3～9cm，直径1.0～1.5cm，中上部棕红色，下部淡紫色，被红褐色鳞片。担孢子（6.1～7.5）μm×（4～5.5）μm，圆形至椭圆形，光滑，无色，非淀粉质。
▶ 生长习性：夏秋季单生在针叶林地面，腐生生活，喜湿润的生长环境。分布于纳雍县、威宁彝族回族苗族自治县和赫章县。

## 201 土黄拟口蘑

▶ **拉丁学名**: *Tricholomopsis sasae* Hongo

▶ **形态特征**: 菌盖直径1～5cm，初期扁半球形，后扁平或平展，中央稍突或稍凹，边缘内卷；褐棕黄色，有毛状棕紫色小鳞片且中部密，中部颜色深。菌肉淡黄色，薄。菌褶近弯生，灰黄色，边缘白，粉末状，较密，不等长。菌柄长2～4cm，直径3～6mm，圆柱形，棕黄色，空心。担孢子无色，光滑，椭圆形或近球形，大小为（5.0～6.5）μm×（4.0～5.3）μm。

▶ **生长习性**: 夏秋季丛生于林中腐殖层及草地上。分布于纳雍县。

### 202 假脐菇属

▶ 拉丁学名：*Tubaria romagnesiana* Arnolds

▶ 形态特征：菌盖直径9mm，初期凸镜形，后平展，边缘下弯，呈波浪形或撕裂状；棕黄色，中部色较深，表面具水渍状条纹。菌肉薄，淡棕色。菌褶宽2mm，浅黄色，直生，密度中，不等长。菌柄长1.8cm，直径3mm，中生，圆柱形，脆骨质，内部中空，淡棕色，表面光滑，基部常有白色稠密的棉绒状菌丝。担孢子（6.5 ～ 9.3）μm×（4.0 ～ 5.5）μm，倒卵形至椭圆形，光滑，赭黄色至肉色。

▶ 生长习性：夏秋季单生在针叶林地面，喜湿润的生态环境。分布于织金县。

### 203 径边刺毛鬼伞

▶ 拉丁学名：*Tulosesus callinus* (M. Lange & A.H. Sm.) D. Wächt. & A. Melzer
≡ *Coprinus callinus* M. Lange & A.H. Sm.

▶ 形态特征：菌盖直径0.8 ～ 1.3cm，幼时近圆锥状，后逐渐变为卵圆形、钟形；幼时中部棕色，成熟后中部肉棕色，边缘色渐浅，呈淡灰棕色，表面密布放射状长沟纹，有绒毛，不黏。菌褶密，附生或离生，灰色至灰黑色，从边缘向内色渐白，不等长，边缘平滑或呈波浪状。菌柄长3 ～ 11cm，直径约2 ～ 5mm，圆柱形、近圆柱形，雪白色至淡黄色，中生，内部中空，密布白色细绒毛，近基部有雪白绒毛。孢子印棕黑色。担孢子（10.0 ～ 12.0）μm×（6.8 ～ 8.0）μm，椭圆形、卵形，拟淀粉质，壁厚，光滑，存在芽孔。

▶ 生长习性：秋季生长在腐木上，喜干燥的生长环境。分布于大方县。

# 第八章 牛 肝 菌

## ① 小条孢牛肝菌（近似种）

▶ 拉丁学名：*Aureoboletus* cf. *shichianus* (Teng & L. Ling) G.

▶ 形态特征：菌盖直径2cm，半球形；黄褐色至淡褐色，具有红棕色小鳞片，中央色深，为棕褐色。菌肉厚2mm，淡黄色。菌管与菌孔孔口黄色，少部分黄褐色，孔口大小1mm，多角形或不规则形。菌柄长5.5cm，直径4mm，中生，圆柱形，基部稍粗，中上部黄褐色，下部淡黄色，脆骨质。担孢子（9～13）μm×（7～9）μm，淡黄色，椭圆形至近球形，有细疣。

▶ 生长习性：分布在混交林地面，腐生生活，喜湿润的生长环境。分布于金沙县。

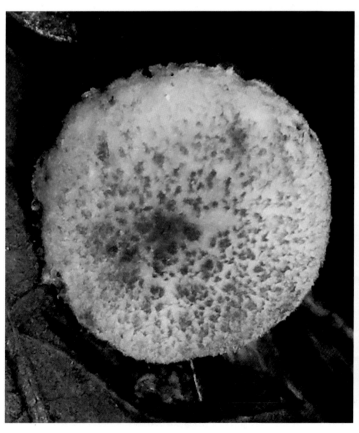

## ② 黑斑绒盖牛肝菌

▶ 拉丁学名: *Boletus nigromaculatus* (Hongo) Har. Takah.

　　≡ *Xerocomus nigromaculatus* Hongo

▶ 形态特征: 菌盖直径5cm，半球形，边缘内卷；黑褐色，边缘棕黄色，表面干，有绒毛，有圆形的灰黑色斑点。菌肉淡黄色。菌管黄色，直生，孔口宽1mm，多角形。菌柄长5cm，直径1.5cm，顶端淡黄色，中部浅褐色，基部附有白色菌丝，中生，棒状，肉质，成熟后内部松软。担孢子（9.0～15.0）μm×（4.0～5.5）μm，椭圆形或纺锤形，光滑，淡黄褐色。

▶ 生长习性: 夏秋季单生或散生在路边或土坡上，腐生生活。分布于黔西市。

## ③ 褐环红孔牛肝菌

▶ 拉丁学名: *Chalciporus rubinellus* (Peck) Singer

　　≡ *Boletus rubinellus* Peck

▶ 形态特征: 菌盖直径4cm，浅半球形；淡棕色，表面落叶覆盖处呈灰白色，其余部位为棕色，表面湿时黏。菌肉厚4～6mm，淡黄色。菌管宽1mm，多角不规则形，管面及管里均为红色，受伤不变色。菌柄长5.0～5.8cm，直径5～15mm，中生，圆柱形，实心，淡黄色，无网状纹。担孢子（12.5～15.0）μm×（3.2～5.5）μm，椭圆形，光滑，淡棕色，拟糊精质。

▶ 生长习性: 夏秋季单生于针叶林湿润地面，腐生生活。分布于威宁彝族回族苗族自治县。

## ④ 美丽褶孔牛肝菌

▶ 拉丁学名：*Phylloporus bellus* (Massee) Corner
≡ *Flammula bella* Massee

▶ 形态特征：子实体小型至中型。菌盖直径7cm，初期半球形，成熟后近平展，中间凹陷，边缘微上翘；棕色，表面有细绒毛。菌肉厚2～4mm，白色、淡黄色。菌褶延生，密度低，不等长，浅黄色，有黄褐色的斑点。菌柄长4～6cm，直径5～8mm，圆柱形，向下渐细，成熟后空心，表面被绒毛，淡棕色。担孢子（9.0～11.5）μm×（3.5～4.5）μm，椭圆形至梭形，光滑，青黄色。

▶ 生长习性：夏秋季单生在针叶林地面。分布于赫章县。

## 5 混淆松塔牛肝菌

▶ 拉丁学名：*Strobilomyces confusus* Singer

▶ 形态特征：子实体小或中等大。菌盖直径3.0～9.5cm，扁半球形，老后中部平展；茶褐色至棕褐色，具小块贴生鳞片，中部鳞片密。菌肉白色，伤后变红色，最后变黑褐色。菌管长0.4～1.8cm，灰白色，后变为灰红色，最后为浅黑色，管口多角形。菌柄长4.2～7.8cm，直径1～2cm，圆柱形，内实，向下渐细，灰黑色，覆有致密的绒毛。担孢子（9.5～11.5）μm×（7.0～12.0）μm，近球形至椭圆形，黄褐色，具小刺至鸡冠状突起或具片段不完整网纹。

▶ 生长习性：夏秋季生于林中腐树桩或腐木上。分布于纳雍县。

## 6 微绒松塔牛肝菌

▶ 拉丁学名：*Strobilomyces subnudus* J.Z. Ying

▶ 形态特征：子实体小或中等大。菌盖直径4.5～9.0cm，扁半球形，老后中部平展；紫色至暗紫色，具小块贴生鳞片，鳞片密集。菌肉白色。菌管长4～15mm，初为灰白色，后变为黑紫色，管口多角形。菌柄长3～6cm，直径0.6～2.0cm，圆柱形，覆有与菌盖同色的暗紫色绒毛。担孢子（8.1～11.1）μm×（7.2～10.8）μm，椭圆形至近球形，深褐色。

▶ 生长习性：夏秋季生于林中腐树桩或腐木上。据记载有毒。分布于纳雍县。

## ⑦ 褐黄小乳牛肝菌

▶ 拉丁学名：*Suillellus luridus* (Schaeff.) Murrill

≡ *Boletus luridus* Schaeff.

▶ 形态特征：菌盖直径4.2cm，半球形；橙红色至土黄色，伤后变为靛蓝色。菌肉厚5mm，黄色。菌管管口大小0.5mm，不规则形，管面及管里均为黄色。菌柄长6cm，直径1.2cm，中生，圆柱形，基部稍细，土黄色，有条纹。担孢子（11.0～14.0）μm×（4.5～6.4）μm，椭圆形至宽梭形，光滑，淡棕色。

▶ 生长习性：秋季单生于杂木林，地生，喜湿润的生长环境。分布于织金县。

## ⑧ 西伯利亚粘盖牛肝菌

▶ 拉丁学名： *Suillus americanus* (Peck) Snell
　　　　　　 ≡ *Suillus sibiricus* (Singer) Singer
　　　　　　 ≡ *Ixocomus sibiricus* Singer

▶ 形态特征： 菌盖直径4cm，浅半球形，边缘附有少量黄白色菌幕残片；黄色，表面湿时黏。菌肉厚5mm，黄色。菌孔黄色，受伤后为棕色，呈不规则辐射状排列。菌柄长5.5cm，直径1cm，中生，圆柱形，基部变粗，中实，黄色。担孢子（8.0～12.0）μm×（3.5～4.5）μm，梭形，光滑，无色。

▶ 生长习性： 夏秋季单生于针叶林，地生，喜湿润的生长环境。分布于赫章县。

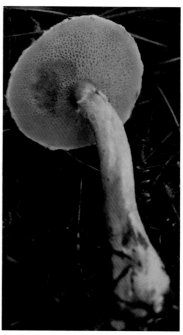

## ⑨ 虎皮乳牛肝菌

▶ 拉丁学名： *Suillus phylopictus* Rui Zhang, X.F. Shi, P.G. Liu & G.M. Muell.

▶ 形态特征： 菌盖直径4.3～9.3cm，初为半球形，后平展；棕色至深棕色，表面有似虎皮状角形鳞片。菌肉白色。菌管管口小，多角不规则形，密集排列，灰棕色至黄棕色。菌柄长4～10cm，直径1.2～1.5cm，中生，圆柱形，中实，棕黄色，具有棕色纤毛。担孢子（8.4～10.0）μm×（3.3～4.5）μm，椭圆形，壁薄，光滑。

▶ 生长习性： 夏季分布于针叶林。分布于威宁彝族回族苗族自治县。

## ⑩ 松林小牛肝菌

▶ 拉丁学名：*Suillus pinetorum* (W.F. Chiu) H. Engel & Klofac

   ≡ *Boletinus punctatipes* var. *pinetorum* W.F. Chiu

▶ 形态特征：子实体小至中等。菌盖直径5～10cm，初期扁半球形，后期近平展，中部稍凹陷；肉桂色，边缘色浅，呈淡黄褐色，表面光滑。菌肉白色，近表皮处粉红色。菌管辐射状排列，稍延生，管口多角形，直径1.0～1.5mm，蜜黄色。菌柄长3～7cm，直径4～10mm，近圆柱形，下端较细，上部浅黄色，内部实心。担孢子椭圆形，光滑，淡黄色，大小为（7.5～9.8）μm×（3.5～4.5）μm。

▶ 生长习性：夏秋季群生于松林。分布于纳雍县。

## 11 白黄乳牛肝菌

▶ 拉丁学名：*Suillus placidus* (Bonord.) Singer
　　　　　≡ *Boletus placidus* Bonord.

▶ 形态特征：菌盖直径5～9cm，初为半球形，后平展；白色或淡黄褐色，老后呈红褐色，表面光滑，湿时黏滑。菌肉白色，后渐变淡黄色。菌管直生或弯生，黄褐色；孔口黄色至污黄色，多角形。菌柄长4～6cm，直径0.8～1.5cm，圆柱形，基部稍膨大，内实，初为白色，后与菌盖同色。担孢子（7.5～10.5）μm×（3.2～4.5）μm，椭圆形，表面光滑。

▶ 生长习性：夏秋季分布于混交林地面。分布于大方县和纳雍县。

## 12 红鳞乳牛肝菌

▶ 拉丁学名：*Suillus spraguei* (Peck) Kuntze
　　　　　≡ *Boletus spraguei* Berk. & M.A. Curtis

▶ 形态特征：菌盖直径3～10cm，浅半球形，后平展，中央稍突起，边缘稍内卷，附着少量淡黄色菌幕残片，形成一个环留在菌柄上；红棕色至黄棕色，具有角状棕褐色鳞片，微干裂。菌肉淡黄色，稍变红。菌管直生至延生，深黄色，管里淡黄色，管口不规则角形。菌柄长5～8cm，直径1～2cm，中生，有菌膜残留，内部实心，棕红色，有纤毛鳞片。担孢子（7.0～12.0）μm×（3.1～4.9）μm，狭椭圆形，光滑，无色。

▶ 生长习性：秋季分布在混交林地面，腐生生活，喜湿润的生长环境。分布于毕节市。

## 13 新苦粉孢牛肝菌（近似种）

▶ 拉丁学名：*Tylopilus* cf. *neofelleus* Hongo

▶ 形态特征：菌盖直径9cm，扁半球形至平展；浅紫罗兰色，中部灰白色，具微绒毛。菌肉白色至污白色，伤不变色。菌管与菌孔孔口淡粉紫色，伤不变色。菌柄长10cm，直径2cm，圆柱形，顶端常呈暗紫色，中下端棕褐色，光滑，不具网纹。担孢子（10.0 ~ 12.0）μm ×（3.1 ~ 4.5）μm，椭圆形或纺锤形，光滑，壁薄。

▶ 生长习性：夏秋季生于针阔混交林地面。据记载有毒。分布于赫章县。

## 14 红小绒盖牛肝菌

▶ 拉丁学名：*Xerocomellus chrysenteron* (Bull.) Šutara
≡ *Boletus chrysenteron* Bull.

▶ 形态特征：菌盖直径3cm，浅半球形，边缘不整齐；红棕色，有红棕色鳞片，表皮裂开。菌肉淡黄色。菌孔孔口较大，近圆形，孔口浅，淡橘黄色。菌柄长3cm，直径2mm，中生，圆柱形，顶部较细，实心，上下部淡黄色，中部有红棕色纤毛。担孢子（11.5～14.0）μm×（4.0～6.0）μm，椭圆形，光滑，淡黄褐色。

▶ 生长习性：单生于针叶林地面，腐生生活，喜湿润的生长环境。分布于赫章县。

# 第九章 腹 菌

## ❶ 硬皮地星

▶ 拉丁学名：*Astraeus hygrometricus* (Pers.) Morgan
 ≡ *Geastrum hygrometricum* Pers.

▶ 形态特征：子实体直径1.5～3.0cm，未开裂时呈球形至扁球形；初期黄色至黄褐色，渐变为灰棕色至灰褐色。外包被厚，分为3层，外层薄而松软，中层纤维质，内层软骨质，成熟时开裂成6～8瓣，裂片呈星状展开，潮湿时外翻至反卷，干燥时强烈内卷，外表面干时灰色至灰褐色，湿时深褐色至黑褐色，内侧灰褐色，通常具较深的裂痕；内包被直径1.2～2.5cm，薄，膜质，近球形至扁球形，灰色至褐色，成熟时顶部开裂成一个孔口。担孢子直径7.5～11.0μm，球形，壁薄，具疣状或刺状突起，褐色。

▶ 生长习性：夏秋季单生或群生于林中腐殖质丰富的地面。分布于纳雍县、织金县和赫章县。

## ② 岬灰球（近似种）

▶ 拉丁学名：*Bovista* cf. *promontorii* (kreisel)
▶ 形态特征：子实体直径2.1cm，球形、近球形，固定于地面，成熟时易从地表脱落。外包被新鲜时白色至奶油色，被微绒毛或光滑，柄状基部较细，不易消失。产孢组织幼时白色至近白色，柔软。担孢子直径3.9～4.3μm，近球形，淡青黄色。
▶ 生长习性：夏秋季单生于针叶林湿润地面，腐生生活。分布于大方县、赫章县和织金县。

## ③ 沼生灰球菌

▶ 拉丁学名：*Bovista paludosa* Lév.
▶ 形态特征：子实体散生，直径2.8cm，球形（类梨形）。包被白色，上表皮具裂纹，似有粉状物。不育基部通常短并且光滑，无根状的菌索，不易消失，生长于草地上。产孢组织幼时白色至近白色。担孢子直径3.5～5.5μm，椭圆形至近球形，表面粗糙，有小疣，黄褐色。
▶ 生长习性：夏秋季分布于针叶林地面，腐生生活。分布于威宁彝族回族苗族自治县。

## ④ 铅色灰球菌

▶ **拉丁学名**：*Bovista plumbea* Pers.
▶ **形态特征**：子实体直径1.6cm，椭圆形至近球形，成熟后期顶部不规则状开口；表皮具白色粉状物。包被白色，成熟后变为浅黄色至浅褐色且成片脱落；内包被薄，光滑，深鼠灰色。菌肉为白色。不育基部通常宽而短，柄状基部物不易消失，较细，较短。产孢组织幼时白色至近白色。担孢子（5.1～6.7）μm×（3.9～5.6）μm，近球形至椭圆形，壁厚，光滑，有一条10μm长的似蝌蚪尾巴的产孢小梗。
▶ **生长习性**：夏秋季单生于针叶林地面，喜湿润的生长环境。分布于织金县。

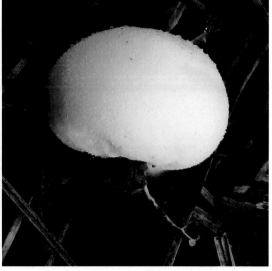

## ⑤ 头状秃马勃

▶ 拉丁学名：*Calvatia craniiformis* (Schwein.) Fr. ex De Toni
　　　　　 ≡ *Calvatia craniiformis* (Schwein.)Fr.
　　　　　 ≡ *Bovista craniiformis* Schwein.

▶ 形态特征：菌盖直径6 ～ 8cm，高3 ～ 10cm，可育部分近球形，柄状不育基部发达，附根状菌索固着在地上。包被分为两层，薄；表皮黄褐色至酱褐色，初期具细微绒毛，后渐变光滑，成熟后顶部开裂，成片脱落。产孢组织幼时白色，后变为棕绿色。担孢子直径2.6 ～ 3.6μm，球形或椭圆形，壁厚，具极细的小疣和短柄，无色，淀粉质。

▶ 生长习性：夏秋季单生于阔叶林地面、路边和草地，腐生生活。幼时可食用，可药用。分布于赫章县、金沙县、纳雍县和织金县。

## ⑥ 白蛋巢

▶ 拉丁学名：*Crucibulum laeve* (Huds.) Kambly
　　　　　 ≡ *Peziza laevis* Huds.

▶ 形态特征：成熟担子果短，圆筒形、浅杯状，少数弯曲而呈坩埚形，高3 ～ 7mm，口部直径4 ～ 9mm；外部为浅黄色、浅棕色、褐色，顶部有黄棕色盖膜，被黄棕色绒毛。幼担子果密被白色或浅棕色绒毛，常呈毛毡状。有2mm 大小的圆形或椭圆形的"蛋"状小包，通过绒毛吸附在担子果中，灰白色至淡棕褐色。担孢子（7.6 ～ 11.0）μm ×（4.5 ～ 6.0）μm，椭圆形，光滑，无色。

▶ 生长习性：夏秋季生长于林中腐木、小枝上。分布于赫章县。

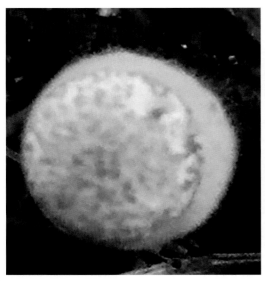

## ⑦ 尖顶地星

▶ 拉丁学名：*Geastrum triplex* Jungh.

▶ 形态特征：菌蕾直径3～4cm，近球形。成熟时外包被开裂成5～8瓣，裂片向外反卷，外表光滑，蛋壳色，内层肉质，干后变薄，栗褐色，中部易分离并脱落，仅留基部；内包被高1.2～3.5cm，直径1.0～3.6cm，近球形、卵形或呈洋葱状，顶部常似"喙"突出，或呈脐突状，淡褐色、暗栗色至污褐色。无柄。担孢子直径3.5μm×4.5μm，近球形，具小疣。

▶ 生长习性：夏秋季单生至散生于林地。可药用。分布于大方县。

## 8 覆瓦马勃

▶ 拉丁学名：*Lycoperdon curtisii* Berk.

▶ 形态特征：子实体球形，直径1～3cm。外包被幼时浓密多刺，刺长1～2mm，通常在顶端连接，容易脱落，成熟后光滑，有粉末状涂层；幼时白色，后变为浅褐色；在顶部形成一个小孔，孢子粉通过小孔溢出，内部最初为白色、肉质，随后有黄色至橄榄色的粒状物，最后充满褐色或紫褐色孢子粉。基部附着白色的菌索。担孢子直径2～3μm，球形，表面不光滑，具微小针眼。

▶ 生长习性：夏秋季生长于针叶林坡地，腐生生活，喜湿润的生长环境。分布于威宁彝族回族苗族自治县。

## 9 欧石楠马勃

▶ 拉丁学名：*Lycoperdon ericaeum* Bonord.

▶ 形态特征：子实体球形至梨形，白色，直径1.0～2.5cm，高2.0～3.9cm；初期分界不明显，后期上半部分半球形，下半部分圆柱形，上半部分光滑，下半部分有白色丛毛鳞片。担孢子（4.5～5.0）μm×（4.2～4.8）μm，近球形至椭圆形。

▶ 生长习性：秋季散生于针叶林湿润地面，腐生生活。分布于大方县。

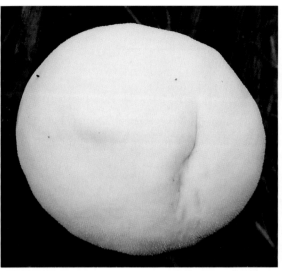 

## 10 兰宾马勃

▶ 拉丁学名：*Lycoperdon lambinonii* Demoulin
▶ 形态特征：子实体表皮黄色，近球形、陀螺形、梨形，直径1.0 ～ 3.5cm，高
2 ～ 5cm，具分枝的根状菌索。包被2层，外包被形成颗粒状短小细刺，
初为白色至近白色，后变为淡黄色、黄褐色至褐色，常数个刺的顶端聚
合，脱落后露出光滑的内包被；内包被淡黄色至黄褐色，明亮，光滑，纸
质，顶端具孔口，呈撕裂状。不孕基部发达，浅黄白色至黄白色，海绵状。
孢体成熟时呈粉末状至棉絮状，白黄色至橄榄褐色。担孢子球形，直径
3.5 ～ 4.5μm，光学显微镜下具显著疣突。
▶ 生长习性：夏秋季散生于阔叶林地面，喜湿润的生长环境。分布于大方县。

 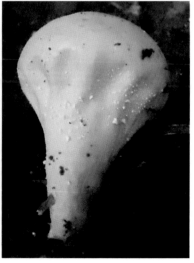

## 11 变黑马勃

- ▶ 拉丁学名：*Lycoperdon nigrescens* Pers.
- ▶ 形态特征：子实体近球形至梨形，顶部直径2.5 ~ 3.5cm，高2.0 ~ 3.1cm，成熟时顶端开口；表面棕灰色，有1 ~ 2mm长的棕灰色棘状毛鳞片，毛鳞片常在顶端连接，棘之间的区域覆盖一层薄的黄褐色绒毛，成熟后变光滑、变黑。孢体幼嫩时白色且紧实，成熟后变为棕黄色，最后为黑棕色粉末状。担孢子直径4.5 ~ 5.0μm，球状，具小疣，壁中等厚，具短小梗。
- ▶ 生长习性：秋季单生于针叶林湿润地面，腐生生活。分布于大方县。

## 12 网纹马勃

- ▶ 拉丁学名：*Lycoperdon perlatum* Pers.
- ▶ 形态特征：子实体高 2 ~ 8cm，宽2.5 ~ 6.0cm，倒卵形至陀螺形、长梨形；初期近白色或奶油色，后变为灰黄色至黄色，老后淡褐色，表面覆盖锥形突起，易脱落，脱落后在表面形成淡色圆点，连接成网纹。担孢子直径3.5 ~ 4.8μm，球形，壁稍薄，具微细刺状突起，无色或淡黄色。
- ▶ 生长习性：单生于混交林湿润地面，腐生生活。分布于大方县。

## 13 鸟巢菌

▶ 拉丁学名：*Nidularia deformis* (Willd.) Fr.
　　　　　　≡ *Nidularia farcta* (Roth) Fr.
　　　　　　≡ *Cyathus farctus* Roth

▶ 形态特征：子实体小，初期桶状，后为杯状，直径8～13mm，高5～15mm；外表层密被灰色或淡黄褐色绒毛，有时呈深棕色；内表层平滑，深灰色、黑色。包被底部具多个黑色粒状包丸，称小包，小包扁圆形至近球形，直径1～2mm，下部中央有菌索固定于杯内底部。担孢子生于小包内，孢子椭圆形，壁厚，近透明，大小为（6.2～7.8）μm×（3.5～4.7）μm。

▶ 生长习性：夏秋季生长在枯枝、落叶或朽木上。分布于纳雍县。

## 14 冬荪

- ▶ 拉丁学名：*Phallus dongsun* T.H. Li，T. Li，Chun Y. Deng，W.Q. Deng & Zhu L. Yang
- ▶ 形态特征：菌蕾未成熟时圆形，成熟时卵形，有胶质层。外包被白色或淡黄色。成熟后菌盖和菌柄逐渐伸出外包被，总长10～20cm，直径4～7cm。菌盖钟形、圆锥形，被墨绿色孢体，具丁香味。菌柄长10～15cm，上部白色或淡黄色，向下颜色渐淡，有2～3层蜂窝状结构。担孢子长梭形，大小为（3.8～4.2）μm×（1.8～2.3）μm，光滑，壁薄。
- ▶ 生长习性：夏秋季散生于竹林、阔叶林或针阔混交林地面。食药兼用，可栽培。分布于大方县和纳雍县。

## 15 红托竹荪

- ▶ 拉丁学名：*Phallus rubrovolvatus* (M. Zang, D.G. Ji & X. X. Liu) Kreisel
  ≡ *Dictyophora rubrovolvata* M. Zang, D.G. Ji & X.X. Liu
- ▶ 形态特征：菌蕾未成熟时圆形，成熟时卵形，有胶质层。成熟后菌盖、菌裙、菌柄伸出菌托。菌盖高3～6cm，直径2～5cm，钟形至近圆锥形，具网格，顶端平截或突出，有穿孔。产孢组织墨绿色，具清香味。菌裙白色，钟形，高达3～10cm。网眼直径0.5～1.5cm，多角形至近圆形。菌柄长9～20cm，直径1.5～5.0cm，圆柱形，白色，有2～3层不规则网孔海绵质结构，空心。菌托表面白色，见光或触摸后变紫色至紫红色。担孢子（4.0～5.0）μm×（1.5～2.0）μm，圆形至椭圆形，无色，光滑，壁薄，非淀粉质。
- ▶ 生长习性：夏秋季生于竹林地面。可食用，可栽培。分布于织金县和大方县。

## 16 鸡腰子须腹菌

▶ 拉丁学名：*Rhizopogon jiyaozi* Lin Li & Shu H.Li

▶ 形态特征：子实体直径 2 ~ 4cm，近球形或近陀螺形，顶部有褐红色或棕褐色细小斑块或斑纹；幼时白色，后变为黄褐色，切割或擦伤时变为玫瑰粉色，表面附着根茎，白色至黄色。担孢子 (6.5 ~ 8.5)μm × (2.5 ~ 3.5)μm，椭圆形，无色，光滑。

▶ 生长习性：夏秋季单生或群生于混交林中腐殖质丰富的湿润地面。分布于威宁彝族回族苗族自治县。

## 17 红根须腹菌（近似种）

▶ 拉丁学名：*Rhizopogon* cf. *roseolus* (Corda)Th.Fr

▶ 形态特征：子实体一般较小，呈扁球形至近圆球形或形状不规则，直径1～6cm；表面近平滑，白色或带红色色调，成熟后淡黄褐色，伤变红色，幼嫩时表皮基部充实，白色，后变黄色或暗褐色。担孢子（7.0～9.0）μm×（4.0～4.8）μm，近梭形至椭圆形或近肾形，光滑，无色。

▶ 生长习性：埋生或半埋生于林中地下或地表，部分露出地面至近全部露出地面。可食用。分布于威宁彝族回族苗族自治县。

## 18 大孢硬皮马勃

▶ 拉丁学名：*Scleroderma bovista* Fr.

▶ 形态特征：子实体直径2～5cm，近球形、扁球形，由白色根状菌索固定于地上；表面覆有细小鳞片而形成棕红色的斑块。包被新鲜时奶油色、浅灰色，成熟后呈灰褐色，薄，有韧性，光滑或有鳞片，有时具不规则龟裂，新鲜时无特殊气味。产孢组织幼嫩时灰白色，柔软，成熟时黑褐色或橄榄褐色，呈棉质的粉状物。孢体暗青褐色。担孢子直径11～15μm，球形，有密集的疣状物，暗褐色。

▶ 生长习性：夏秋季常数个群生或簇生于林地。幼时可食用，可药用。分布于纳雍县。

## 19 光硬皮马勃

▶ 拉丁学名：*Scleroderma cepa* Pers.
▶ 形态特征：子实体直径3.0～9.5cm，近球形至扁球形、梨形；黄白色至黄褐色，有棕褐色裂片状鳞片，基部无柄至有柄，有一团根状菌索附在基部。外包被厚约1.1～3.0mm，坚硬，韧，初为白色至淡棕红色，伤后变淡粉红色至粉红褐色或淡褐色，干后变薄，后期呈不规则开裂，外卷或星状内卷。孢体初为白色，松软，渐呈紫黑色，粉末状。担孢子直径10.0～13.6μm，球形至近球形，黄褐色至褐色，具长1～2μm的小刺。
▶ 生长习性：夏秋季散生或群生于林地。分布于纳雍县。

## 20 橙黄硬皮马勃

▶ 拉丁学名：*Scleroderma citrinum* Pers.

▶ 形态特征：子实体近球形或扁圆形，直径4～9cm，表面初期近平滑，渐形成龟裂状鳞片，土黄色。外包被厚，剖面带红色，成熟后变浅。内部孢体初期白色，后呈黑褐紫色至黑棕色，后期破裂散放孢粉。担孢子球形，具网纹突起，直径9～12μm，棕褐色。

▶ 生长习性：夏秋季群生或单生于阔叶林腐木上。分布于威宁彝族回族苗族自治县。

# 索　引

# 参考文献

毕志树,郑国扬,李崇,等,1985.我国鼎湖山小皮伞属的分类研究.真菌学报,4(1): 41-50.

蔡箐,陈作红,何正蜜,等,2018.毒环柄菇——在中国引起蘑菇中毒事件的新物种.菌物研究 (7): 63-69.

陈彬,2021.中国红菇属异褶亚属分类及系统发育.北京:中国林业科学研究院.

陈璇,高慧,冯丽娜,等,2019.燕山山脉一种香料型乳菇的香味成分分析.菌物学报,38(10): 1670-1680.

陈言柳,刘萌,张林平,等,2019.中国乳菇属真菌一新记录种——思茅乳菇.河南农业科学, 48(1): 105-109, 152.

戴玉成,2022.云南木材腐朽真菌资源和多样性.北京:科学出版社.

邓树方,2016.中国南方裸脚伞属分类暨小皮伞科真菌资源初步研究.广州:华南农业大学.

丁玉香,2017.东北地区口蘑属和杯伞属及其相关属的分类学研究.长春:吉林农业大学.

范黎,2019.中国马勃类真菌新记录种记述.菌物研究,17(1): 11-20.

范宇光,图力古尔,2016.中国丝盖伞属茸盖亚属分类学研究.菌物研究,14(3): 129-132, 141.

桂阳,2019.中国西南地区蘑菇属真菌分子系统研究及地理分布.武汉:华中农业大学.

贺新生,2011.四川盆地蕈菌图志.北京:科学出版社.

隗永青,曹均,2011.北京地区一种野生食用菌新记录种.中国食用菌,30(6): 11.

李国杰,邓春英,史路瑶,等,2020.中国红菇属乳菇状亚组的三个新种.菌物学报,39(4): 618-636.

李林波,2022.洛阳市伏牛山系木生真菌物种多样性研究.郑州:河南农业大学.

李玉,李泰辉,杨祝良,等,2015.中国大型菌物资源图鉴.北京:中国农业出版社.

刘虹,董淑英,杨杰,等,2020.山西毒蘑菇新记录种:窄孢陀胶盘菌和赭红拟口蘑.山西农业科 学,48(10): 1650-1652.

刘虹,杨杰,刘欣,等,2019.山西新记录物种:淡味红菇.山西农业大学学报(自然科学版), 39(6): 71-75.

刘洋,原渊,常明昌,等,2020.山西省新记录物种碱紫漏斗杯伞.北方园艺,22: 122-126.

娜琴,2019.中国小菇属的分类及分子系统学研究.长春:吉林农业大学.

饶固,李丹,邱成,等,2022.采自吉林省敦化市的2个蘑菇新记录种.微生物学通报,49(9): 3849-3859.

史维丽,班立桐,黄亮,等,2020.一株野生古巴栓孔菌的鉴定及系统发育分析.天津农业科学, 26(7): 1-3, 16.

田慧敏,刘铁志,2019.6种红菇的形态学及rDNA-ITS测序鉴定.食用菌,41(5):10-17.

吴承龙,2020.中国馈瑚菌属的分类及分子系统学研究.长沙:湖南师范大学.

许太敏,2020.云南省无量山国家自然保护区林木腐朽真菌资源与分类研究.昆明:西南林业大学.

颜俊清,2018.中国小脆柄菇属及相关属的分类与分子系统学研究.长春:吉林农业大学.

应建浙,马启明,1985.中国松塔牛肝菌属新种和新记录种.真菌学报,4(2):95-102.

张洁,刘培贵,2011.贵州州毕节野生大型经济真菌调查.生态学杂志,6:1177-1184.

张凯平,2020.中国角鳞灰鹅膏复合种分类研究.北京:北京林业大学.

张敏,图力古尔,2017.采自东北的中国滑锈伞属新记录种.菌物学报,36(8):1168-1175.

张鑫,付成权,梁俊峰,等,2014.红菇属一亚洲新记录种——蜡味红菇.安徽农业科学,42(10):2843-2844,2854.

赵瑞琳,季必浩,2021.浙江景宁大型真菌图鉴.北京:科学出版社.

邹方伦,吴兴亮,潘高潮,等,2009.贵州百里杜鹃自然保护区大型真菌资源利用评价.中国食用菌杂志(1):13-15.

糟谷大河,保坂健太郎,2017.北海道の火山性ガス噴気孔周辺で発生した日本新産種 *Gymnopilus decipiens*(ハラタケ目).日菌報,58(1):11-16.

Abdul R, Sobia I, Abdul N K, 2016. Molecular identification of Chinese *Chroogomphus roseolus* from Pakistani forests, a mycorrhizal fungus, using ITS-rDNA marker. Pakistan Journal of Agricultural Research, 53(2):393-398.

Adamcik S, Buyck B, 2012. Type-studies in American *Russula* (Russulales, Basidiomycota): in and out subsection Roseinae. Nova Hedwigia, 94: 413-428.

Aku K, Jaya S S S, Otto M, 2018. Cryptic species diversity in polypores: the *Skeletocutis nivea* species complex. Mycokeys, 36: 45-82.

Antonin V, Ryoo R, Ka K H, 2013. Marasmioid and gymnopoid fungi of the Republic of Korea.7. *Gymnopus* sect. *Androsacei*. Mycological Progress, 13(3): 703-718.

Aoki W, Endo N, Ushijima S, et al., 2021. Taxonomic revision of the Japanese *Tricholoma ustale* and closely related species based on molecular phylogenetic and morphological data. Mycoscience, 62(5): 307-321.

Ave S, Andrei T, Erich Z, et al., 2018. Molecular and morphological data suggest that the cladoniicolous *Pezizella ucrainica* belongs to *Hyphodiscus* (Hyaloscyphaceae, Helotiales).Graphis Scripta, 30(6):121-129.

Balint D, Kare L, Tuula N, et al., 2021. Type studies and fourteen new North American species of *Cortinarius* section *Anomali* reveal high continental species diversity. Mycological Progress, 20(11): 1399-1439.

Cao B, He M Q, Ling Z L, et al., 2021. A revision of *Agaricus* section *Arvenses* with nine new species from China. Mycologia, 113(1): 191-211.

Chew A L C, Tan Y S, Desjardin D E, et al., 2014. Four new bioluminescent taxa of *Mycena* sect. *Calodontes* from Peninsular Malaysia. Mycologia, 106(5): 976-988.

Cho H J, Park M S, Lee H, et al., 2018. A systematic revision of the ectomycorrhizal genus *Laccaria* from Korea. Mycologia, 110(5): 948-961.

Coetzee J C, Van Wyk A E, 2005. Lycoperdaceae-Gasteromycetes *Bovista capensis*, the correct name for *Bovista promontorii*. Bothalia, 35(1): 74-75.

Cui B K, Li H J, Ji X, et al., 2019. Species diversity, taxonomy and phylogeny of Polyporaceae (Basidiomycota) in China. Fungal Diversity, 97: 137-392.

Das K, Chakraborty D, 2014. *Lactarius vesterholtii*, a new species from India. Mycotaxon, 129(2): 477-484.

Desjardin D E, Perry B A, 2017. The gymnopoid fungi (Basidiomycota, Agaricales) from the Republic of São Tomé and Príncipe, West Africa. Mycosphere, 8(9): 1317-1391.

Fernando E R, 2001. Two new species of *Inocybe cortinariales* from Spain,with a comparative type study of some related taxa. Mycological Researc, 105(9): 1137-1143.

Ge Z W, Yang Z L, Qasim T, et al., 2015. Four new species in *Leucoagaricus* (Agaricaceae, Basidiomycota) from Asia. Mycologia, 107(5): 1033-1044.

Gierczyk B, Kujawa A, Szczepkowski A, et al., 2011. Rare species of *Lepiota* and related genera. Mycologica, 46(2): 137-178.

Haruki T, 2003. New species of *Clitocybe* and *Crepidotus* (Agaricales) from eastern Honshu, Japan. Mycoscience, 44(2): 0103-0107.

He M Q, Chen J, Zhou J L, et al., 2017. Tropic origins, a dispersal model for saprotrophic mushrooms in *Agaricus* section *Minores* with descriptions of sixteen new species. Scientific Reports, 7(1): 5122.

He S H, Dai Y C, 2012. Taxonomy and phylogeny of Hymenochaete and allied genera of Hymenochaetaceae (Basidiomycota) in China. Fungal Diversity, 56(1): 77-93.

He X L, Li T H, Jiang Z D, et al., 2011. *Entoloma mastoideum* and *E.praegracile* - two new species from China. Mycotaxon, 116(1): 413-419.

Horak E, Matheny P B, Desjardin D E, et al., 2015. The genus *Inocybe* (Inocybaceae,Agaricales,Basidiomycota) in Thailand and Malaysia. Phytotaxa, 230(3): 201-238.

Horak E, 1983. New taxa of *Entoloma* (sect.*Callidermi*) and *Pouzamyces* (Agaricales).Mycologie, 4(1): 9-30.

Ilya V, Viacheslav S, Lucie Z, et al.,2018. Additions to the taxonomy of *Lagarobasidium* and *Xylodon* (Hymenochaetales, Basidiomycota). Mycokeys, 41: 65-90.

Jukka V, 1997. Finnish records on the genus *Inocybe* (Agaricales ).Three new species and *I. grammata*. Karstenia, 37(2): 35-56.

Kim C S, Jo J W, Kwag Y N, et al.,2016. Two new *Lycoperdon* species collected from Korea: *L.albiperidium* and *L.subperlatum* spp.nov. Phytotaxa, 260(2): 101-115.

Le H T, Nuytinck J, Verbeken A, et al., 2007. *Lactarius* in Northern Thailand: 1. *Lactarius subgenus* Piperites. Fungal Diversity, 24(31): 173-224.

Lee H, Park M S, Park J H, et al., 2020. Seventeen unrecorded species from Gayasan National Park in

Korea. Mycobiology, 48(3): 184-194.

Lee H, Wissitrassameewong K, Park M S, et al., 2019. Taxonomic revision of the genus *Lactarius* (Russulales, Basidiomycota) in Korea. Fungal Diversity, 95(4): 275-335.

Li J W, Zheng J F, Song Y, et al., 2019. Three novel species of *Russula* from southern China based on morphological and molecular evidence. Phytotaxa, 392(4): 264-276.

Li J X, He M Q, Zhao R L, 2021. A review of *Cystoderma* (Agaricales/Basidiomycota) from China with four new species and two new records. Mycology, 13(2): 1-14.

Li L, Zhao Y C, Zhou D Q, et al., 2016. Three new species of *Rhizopogon* from Southwest China. Phytotaxa, 282(2): 151-163.

Li T, Li T H, Deng W Q, et al., 2020. *Phallus dongsun* and *P.lutescens*, two new species of Phallaceae (Basidiomycota) from China. Phytotaxa, 443(1): 019-037.

Liang J F, 2016. Taxonomy and phylogeny in *Lepiota* sect. *Stenosporae* from China. Mycologia, 108(1): 56-69.

Liu S, Shen L L, Wang Y, et al., 2021. Species diversity and molecular phylogeny of *Cyanosporus* (Polyporales, Basidiomycota). Frontiers in Microbiology, 12(4):1-23.

Lodge D J, Padamsee M, Matheny P B, et al., 2014. Molecular phylogeny,morphology, pigment chemistry and ecology in Hygrophoraceae (Agaricales). Fungal Diversity, 64(1): 1-99.

Mao N, Xu Y Y, Zhao T Y, et al., 2022. New species of *Mallocybe* and *Pseudosperma* from North China. Journal of Fungi, 8(3): 256.

Meryem S S D, Ibrahim T, Hakan I, 2021. *Conocybe romagnesii* and *Gerronema subclavatum* (Basidiomycota, Agaricales) in the Central Black Sea Region of Turkey. Nordic Journal of Botany, 39(12): e03439.

Miettinen O, Vlasak J, Rivoire B, et al., 2018. *Postia caesia* complex (Polyporales,Basidiomycota) in temperate Northern Hemisphere. Fungal Systematics and Evolution, 1:101-129.

Noordeloos M E, Hausknecht A, 2009. New and interesting *Entoloma* species from Central Europe. Österreichische Zeitschrift für Pilzkunde, 18: 169-182.

Olariaga I, Laskibar X, Holec J, 2015. Molecular data reveal cryptic speciation within *Tricholomopsis rutilans*: description of *T.pteridicola* sp. nov. associated with *Pteridium aquilinum*. Mycological Progress, 14(4): 21.

Pope F, Rexer K H, Donges K, et al., 2014. Three new *Laccaria* species from Southwest China (Yunnan). Mycological Progress, 13(4): 1105-1117.

Puccinelli C, Capelari M, 2009. *Marasmius* (Basidiomycota-Marasmiaceae) do Parque Estadual das Fontes do Ipiranga, São Paulo, SP, Brasil: seção Sicci. Hoehnea, 36(4): 637-655.

Reschke K, Popa F, Yang Z L, et al., 2018. Diversity and taxonomy of *Tricholoma* species from Yunnan, China, and notes on species from Europe and North America. Mycologia, 110(6): 1081-1109.

Robert L S, 1964. The subsection Lactarioideae of *Russula*. Mycologia, 56(2): 202-231.

Ronald H P, 1965. Notes on clavarioid fungi.IV.nomenclature and synonymy of Clavulinopsis pulchra and *Clavaria laeticolor*. Mycologia, 57(4):521-523.

Ryoo R, Antonin V, Kal K H, et al., 2016. Marasmioid and gymnopoid fungi of the Republic of Korea.8.*Gymnopus* section *Impudicae*. Phytotaxa, 268(2): 075-088.

Saowaluck T, Kevin D H, RajeshA J, et al., 2017. Fungal diversity notes 491-602: taxonomic and phylogenetic contributions to fungal taxa. Fungal Diversity, 83(1): 1-261.

Srinivasarao B, Nagadesi P K, 2021. New records of wood decay fungi from eastern ghats of Andhra Pradesh, India.Saudi. Journal of Pathology and Microbiology, 6(12): 451-459.

Tania R, Mauricio R P, Silvia B H, et al., 2015. Nuevos registros de hongos poliporoides sobre madera de Abies religiosa en México. Acta botanica mexicana, 113: 21-34.

Tao M A, Ling X F, Kevin D H, 2016. Species of *Psilocybe* (Hymenogastraceae) from Yunnan, southwest China. Phytotaxa, 284(3): 181-193.

Vauras J, Larsson E, 2011. *Inocybe myriadophylla*, a new species from Finland and Sweden. Karstenia, 51(2): 31-36.

Victor R M C, Felipe G B P, Felipe W, et al., 2015. Studies on *Gymnopus* sect. *Impudicae* (Omphalotaceae, Agaricales) from Northern Brazil: two new species and notes on *G.montagnei*. Mycological Progress, 14(11): 110.

Vincenot L, Pope F, Laso F, et al., 2017. Out of Asia: Biogeography of fungal populations reveals Asian origin of diversification of the *Laccaria amethystina* complex, and two new species of violet *Laccaria*. Fungal Biology, 121(11): 939-959.

Wan X H, Bera K D I, Chen Y H, et al., 2019. Fungal biodiversity profiles 81-90. Mycologie, 40(5): 57-95.

Wang X H, Das K, Horman J, et al., 2018. Fungal biodiversity profiles 51-60. Cryptogamie Mycologie, 39(2): 211-257.

Wang X H, Nuytinck J, Verbeken A, 2015. *Lactarius vividus* sp.nov.(Russulaceae, Russulales), a widely distributed edible mushroom in central and southern China. Phytotaxa, 231(1): 063-072.

Wu G T, Chen C C, Tzeng H Y, et al., 2020. *Cyptotrama glabra* and *Hymenopellis raphanipes* newly recorded in Taiwan. Fungal Science, 35(1): 23-31.

Yin X, Feng T, Li Z H, et al., 2014. Five new Guanacastane-type diterpenes from cultures of the fungus *Psathyrella candolleana*. Natural Products and Bioprospecting, 4(3): 149-155.

Zhang M, Li T H, Wang C Q, et al., 2019. Phylogenetic overview of *Aureoboletus* (Boletaceae, Boletales), with descriptions of six new species from China. Mycokeys, 61(1): 111-145.

Zhang R, Mueller G M, Shi X F, et al., 2017. Two new species in the *Suillus spraguei* complex from China. Mycologia, 109(2): 296-307.

Zhao Q,Hao Y J, Liu J K, et al., 2016. *Infundibulicybe rufa sp*. nov. (Tricholomataceae), a reddish brown species from southwestern China. Phytotaxa, 266(2): 134-140.

# 致 谢

1.贵州省科技计划项目（黔科合支撑〔2019〕2451-1号）贵州省乌蒙山区及喀斯特山区菌物资源普查，2019.07—2022.12. 358万元。

2.贵州省科技计划项目（黔科合平台人才〔2019〕5105号）贵州省食用菌育种重点实验室，2019.05—2022.05. 200万元。